畜禽标准化规模养殖技术丛书

肉兔 标准化规模养殖技术

● 段栋梁　郭春燕　主编

中国农业科学技术出版社

图书在版编目（CIP）数据

肉兔标准化规模养殖技术／段栋梁，郭春燕主编 . —北京：
中国农业科学技术出版社，2013. 10
（畜禽标准化规模养殖技术丛书）
ISBN 978 - 7 - 5116 - 1330 - 1

Ⅰ. ①肉… Ⅱ. ①段…②郭… Ⅲ. ①肉用兔 - 饲养管理 -
标准化 Ⅳ. ①S829. 1 - 65

中国版本图书馆 CIP 数据核字（2013）第 153931 号

责任编辑　张国锋
责任校对　贾晓红

出 版 者　中国农业科学技术出版社
　　　　　　北京市中关村南大街 12 号　邮编：100081
电　　话　（010）82106636（编辑室）　（010）82109702（发行部）
　　　　　　（010）82109709（读者服务部）
传　　真　（010）82106631
网　　址　http://www.castp.cn
经 销 者　各地新华书店
印 刷 者　北京昌联印刷有限公司
开　　本　850mm ×1 168mm　1/32
印　　张　7
字　　数　201 千字
版　　次　2013 年 10 月第 1 版　2013 年 10 月第 1 次印刷
定　　价　22. 00 元

《肉兔标准化规模养殖技术》
编写人员名单

主　　　编　段栋梁　郭春燕

其他参编人员（按姓氏笔画为序）

王金宝　王树华　毛向红

闫益波　李连任　段博翔

徐　芳　郭雪丽　淡江华

穆秀梅

前　　言

养兔业在畜牧业中的比重较小，兔肉产量仅占我国肉类总量的0.86%，但肉兔产业有其独特的优势：饲料以草为主，饲料报酬高，繁殖力高，产出率较高，兔肉营养丰富，脂肪和胆固醇含量低。肉兔产业已经在世界许多国家得到较快的发展，必将受到更多消费群体的重视和青睐。

当前，欧盟、日本等国家和地区对进口兔肉提出了越来越高的质量要求，即在国际贸易中用低价格、低质量占领市场的时代已经过去。国际贸易数量少，质量要求严（生产成本高，价格也高），操作比较繁琐；国内市场大，质量要求低（生产成本低，但是价格也低），操作简易。重视国内、忽视国际贸易看似合情合理。但是，国际市场是窗口，是水平线，是目标位，是显示一个国家科学技术水平的标尺，我国没理由退出竞争，让出传统市场。另外，若动态分析肉兔产业发展取向，今天欧盟的市场准入标准已应用于部分国际贸易中。任何国家要想获得可持续发展，就必须过"质量"这个关。

在此背景下，实施肉兔标准化规模养殖，是肉兔产品质量与安全的技术保证，更是肉兔养殖产业化的必然要求。中国的肉兔养殖、加工企业要尽早实现与国际接轨，尽早通过质量这个关，必然要求对肉兔实行标准化规模生产。

本书对肉兔标准化规模生产进行了较为全面的阐述。内容包括：肉兔标准化生产的特点和意义、养殖品种标准化、繁殖标准化、饲养管理标准化、疫病防治标准化等。全书内容翔实具体，技术先进实用，语言简练通俗，插图生动逼真，可供广大肉兔养殖场（户）、肉兔养殖技术人员和管理人员学习使用，也可供农业院校师生阅读参考。

编者

2013 年 5 月

目　　录

第一章 肉兔及其标准化规模生产概述

第一节 发展肉兔养殖业的意义

一、肉兔及产品具有很高的经济和应用价值

肉兔养殖生产不仅能为人类提供优质的肉食品和毛皮产品，而且肉兔本身及副产品也具有很高的经济和应用价值。

（一）为人类提供优质肉食品

兔肉是优质肉食品，其营养价值和消化率居畜禽肉之首；兔肉又是健康肉食品，具有"三高（高蛋白、高赖氨酸、高消化率）"和"三低（低能量、低脂肪、低胆固醇）"的特点，利于人类健康，代表了现代人类对畜产品的需求方向。食用兔肉，利于儿童大脑发育和智商提高，增加成年人的皮肤弹性，延缓面部皱纹形成，国外称兔肉为"保健肉、美容肉、益智肉"。

另外，兔肉的消化率居畜禽肉之首；富含矿物质元素、微量元素和维生素；兔肉公共卫生形象好，超过200余种人畜共患病中唯独没有与兔有关的传染病；除犹太人以外，尚未发现其他任何宗教或民族限制食用兔肉，具有广泛的食用群体。

（二）为皮革工业提供优质皮原料

肉兔皮是优质的皮革工业原料。与野生动物的毛皮比较，肉兔毛皮廉价量大。用兔毛皮制作的服装服饰（大衣、帽子、围脖、手套等）以及室内装饰品和玩具（毛毛熊、熊猫、狗狗等），国内外市

场深受消费者欢迎。兔皮因其质地轻柔保暖，并可染色成野生动物毛皮仿制品而具有广泛的消费人群。

（三）为科学研究提供理想实验动物

兔作为医学、药学和生殖科学等领域最理想的实验动物，早已被广泛认可。

（四）为医药工业提供原料

兔的其他副产品仍具有较高的经济价值。如从兔肝脏中提取的硫铁蛋白，具有抗氧化、抗衰老和提高免疫力的作用，药用价值高，被称为"软黄金"，价格昂贵。目前，有多种生物制品（如疫苗、抗体、生物保健品）采用兔子来生产。

（五）为土地提供高效肥料

兔粪含有的氮、磷、钾总量高于其他家畜粪便，是动物粪尿中肥效较高的有机肥料。

二、肉兔生产是低投入高产出养殖项目

肉兔具有生长速度快、饲养周期短、饲料转化率高、繁殖力强等特点。与其他养殖业相比较，养兔业具有投资少、见效快、效益高等优点。发展肉兔养殖业是欠发达地区进一步完善农业产业结构、发展农村经济、增加农民收入的朝阳产业。

三、肉兔生产属于"节能减排型"畜牧业

肉兔养殖业是资源节约型畜牧业，肉兔养殖生产对水、电、建材等资源要求和消耗明显小于其他畜禽；养兔产业又是环境友好型畜牧业，国内大中型养兔企业一般种植有优质牧草，在发展肉兔养殖业的同时，巩固了退耕还草区的种草成果，从而改善当地气候环境；肉兔的粪便含有丰富的有机质，可用做改良土壤的有机肥料，配以发酵沼气发电和生物复合肥等配套设施，将会是具有广阔发展

前景的"节能减排型"畜牧业。

四、有效利用粮草资源、解决粮食短缺时的肉食品问题

兔是"高效节粮型"草食家畜，肉兔养殖能有效解决粮食短缺时人们的肉食品问题。

（一）饲粮以草为主

兔是严格的单胃草食动物，其饲粮组成中草粉及其他农副产品（麸皮、米糠、饼粕类等）等粗饲料原料占相当大的比例（40%~60%），且对饲料原料的要求较低。与耗粮型的猪和鸡相比，更适合在地球人口越来越多、土地资源越来越紧张、粮食生产压力越来越大的情况下大力发展。

（二）饲料转化率高

在良好饲养条件下，肉兔70日龄可达2.5千克，期间料肉比在3∶1左右。与目前家养其他哺乳动物相比，肉兔以草换肉的效率最高。虽然每生产1千克肉消耗的能量，肉兔略高于鸡和猪，但每公顷草地生产能力好于其他畜禽。

（三）生产力强

兔是高产家畜，具有性成熟早、妊娠期短、胎产仔数多、四季发情、常年配种、一年多胎以及仔兔生长发育速度快、出栏周期短的优势。1只母兔在农家养殖条件下年可提供30只商品兔，在集约化养殖条件下年可提供48只以上，每年提供的活兔重相当于母兔体重的18~30倍。在目前家养的哺乳动物中，家兔的产肉能力最强。

由此可见，产肉畜禽中，无论是单位面积产肉量，还是肉的营养价值，家兔均名列前茅。因此，家兔是"节能型畜牧业"的最佳畜种之一。发展养兔业，对解决粮食缺乏、缓解人畜争粮矛盾、保障粮食缺乏情况下人类膳食结构等，都具有十分重要的意义，发展

前景喜人。

五、带动相关产业的发展

发展肉兔养殖业，不仅能带动饲料工业、兽药和添加剂制造业、食品工业、生化制药业、皮革加工业及机械设备制造业等相关行业的发展，还有利于第三产业的发展和解决城乡就业等问题。

第二节 国内外肉兔生产现状及发展趋势

一、世界肉兔生产现状及发展趋势

（一）世界肉兔生产现状

世界肉兔养殖业呈现蓬勃发展的趋势，养殖国家已发展到190多个，其中欧洲占60%以上，亚洲占20%左右，非洲约占10%。

1. 兔肉产量及分布

世界兔肉年产量180多万吨，其中60%来自饲养管理较先进的国家，如意大利、法国、西班牙、独联体等；40%来自较落后的饲养及经营管理方式的国家，如中国等。兔肉年产量10万吨以上的国家有：中国（40万吨）、意大利（30万吨）、法国（15万吨）、乌克兰（15万吨）、西班牙（12万吨）、俄罗斯（10万吨）。

2. 兔肉生产国类型

（1）传统消费、进口兔肉　这类国家具有消费兔肉的传统，其兔肉生产与消费约占全世界的50%，如意大利、法国、西班牙、比利时等国家。这些国家肉兔生产以规模化、集约化养殖为主，饲养技术先进，生产水平高。兔肉作为这些国家的传统肉食品，其生产不足消费的部分要从国外进口。

（2）自产自销、满足国内消费　此类国家肉兔养殖主要是满足国内消费需要，如德国、波兰及前苏联等国。这些国家的肉兔生产粗放，以家庭小规模饲养为主，其兔肉产量占世界兔肉总产量的18%左右。这些国家生产的兔肉。

（3）满足国内消费的同时进入国际贸易 这类国家肉兔养殖除满足国内消费外并有一定的国际贸易量，如中国、匈牙利等国。这些国家肉兔的饲养量较大，养殖方式多种多样，有家庭小规模饲养，也有工厂化规模饲养。目前，中国年出口兔肉约为1.96万吨，匈牙利年出口兔肉约1.3万吨。

3. 兔肉的消费及分布

兔肉消费大国：中国38万吨，人均0.29千克；意大利32万吨，人均5.3千克；法国16万吨，人均2.9千克；西班牙12万吨，人均3千克；比利时2.6万吨，人均2.6千克。

（二）世界肉兔生产的发展趋势

1. 行业发展趋势

养兔行业发展的未来是肉用。

2. 兔产品加工业发展趋势

兔产品加工将更趋向于综合利用，许多兔肉进口国已由进口传统冻兔肉改为冰鲜兔肉，兔副产品利用将会进一步加强。

3. 经营及养殖模式发展趋势

肉兔的养殖，逐步由小规模、散养农户的传统养殖经营模式向规模化、大型化、工厂化、集约化、标准化养殖场经营模式发展。目前，世界各国出现了许多饲养规模在500只母兔以上的养兔场，如法国、荷兰、中国、匈牙利出现了多家500~3 000只母兔的大型饲养场。

4. 养殖相关生产技术发展

兔的品种选育将更趋向于多目标选择，并利用杂种优势向配套系方向发展；家兔用饲粮将逐步趋向于颗粒配合饲料；加强养兔设施建设，发展设施养兔，改善养兔生产环境；加强建立与规模化、工厂化、集约化养殖场经营模式相适应的家兔疫病生物防控体系、防控方案及防控制度，坚持家兔疫病防控的"以防为主，防重于治，养重于防"原则。

二、我国肉兔业地位及生产现状和发展趋势

（一）我国肉兔业在世界上的地位

我国肉兔的饲养量、兔肉产量均居世界首位，国际兔产品市场70%来自中国。但我国目前尚非世界养兔强国，肉兔养殖科技水平和产品质量低于法国、意大利等经济发达国家，近年来巴西绿色兔肉出口抢占了我国兔肉出口市场。法国最大的超市"家乐福"，在巴西投资建立起面积 3.2 万公顷的 4 个绿色庄园，养鸡、猪、牛、兔等；仅兔肉该国年出口量就近 1 万吨，兔肉卖价高于我国出口的兔肉，大有后来者居上之势。联合国粮农组织认为，未来 10 年巴西将是世界最大的肉类出口国，鸡肉、兔肉出口将占世界第一，猪肉、牛肉出口也将位居世界前列。

（二）我国肉兔业生产现状

1. 存栏与分布

（1）存栏量 近 10 年来，全国家兔存栏总量为 2.0 亿 ~ 2.1 亿只，其中肉兔 1.5 亿只。年出栏 3.1 亿 ~ 3.2 亿只，年总饲养量 5.2 亿只左右。

（2）区域分布 兔存栏数前 5 名的省市依次为山东（26%）、四川（18%）、河北（12%）、浙江（7%）和江苏（6%）。我国家兔重点产区分布在华东的山东、浙江、江苏、安徽、福建；华北的河北、河南、山西；西南的四川、重庆等省市。西部 10 个省区市存栏兔为 3 800 多万只，占全国家兔存栏量的 19%，其中四川、重庆两省市的兔存栏量占西部地区总数的 87%，陕西、甘肃两省约占 8.5%，其余 6 省区仅占 4.5%。

2. 兔肉产品的产销情况

近 10 年来，全国兔肉年总产量保持在 40 万 ~ 50 万吨，并在逐年增加，目前已超过 50 万吨。2004 年我国出口兔肉 6 396 吨，创汇

1 007万美元，兔肉出口量虽比 2003 年（4 426吨）增加44.5%，但比入世前大幅下降。2005 年兔肉出口量接近 9 000吨。1985 年以前，我国兔肉年产量仅 5 万吨左右，以出口为主；1987 年以后我国兔肉年产量超过 10 万吨，目前已超过 50 万吨，但从入世后（2002 年）至今，兔肉年出口量不足 1 万吨，其余均为内销，转向内销为主。

3. 我国肉兔的生产水平及养殖企业发展情况

肉兔达到 2.5 千克出栏体重，过去要养 5 ~ 6 个月，现在多数兔场只需 3 ~ 4 个月，增重和屠宰率等都有显著提高。据统计，全国现有 500 万 ~ 1 000万元资产的养兔企业 600 多家，1 000 万 ~ 5 000万元资产的企业 160 多家，其中有兔肉、兔毛和兔皮加工企业 80 多家，实现了突破百亿元的社会效益。

（三）我国肉兔生产存在的问题与对策

1. 存在的问题

肉兔养殖业虽然具有广阔的发展前景，但多年来肉兔生产总是忽冷忽热、大起大落，养殖效益忽高忽低，严重影响了肉兔产业的健康、稳定及可持续发展。究其原因，主要有社会大环境和行业内环境两方面的影响。其中，社会大环境包括：国内消费低、政府支持力度低、科技研发投入少、信息缺乏且交流不畅，以及兔产品加工业发展滞后等；生产方式仍以农村分散的粗放饲养为主，标准化规模饲养比例小。行业内环境也不容乐观，存在的主要问题包括：缺乏规范的良种繁育体系、兔业经营秩序混乱、缺乏统一的组织形式、基础设施不健全、重引种轻培育和重视繁殖忽略选育。

2. 对策

（1）扩大国内消费 采取宣传、引导等方式，积极扩大国内兔产品消费，形成国内市场与国际市场相互竞争的格局，摆脱兔产品对国际市场的依存。

（2）加大扶持力度 发展标准化规模化养殖 肉兔生产受诸多因素影响而极不稳定，而且我国的肉兔饲养以欠发达地区家庭、农户为主，抗风险能力较弱。加强扶持力度，发展标准化规模化养殖，在市场走向低迷、产品价格大落时从资金、政策等方面给予扶持，将会有利于养兔业的稳定和发展。

（3）加大科技研发投入　加大兔业科技研发经费投入力度，科研院所加大兔业科技研发技术力量，尽快攻克养兔产业关键技术难题，依靠科技发展养兔业，必将提高养兔生产效率，利于养兔产业健康发展。

（4）加强信息传递　加大力度建立兔业网络平台，架起兔业信息传递、沟通桥梁，使养兔生产者能及时根据市场需求调整饲养规模和养殖方向，减少盲目生产的损失。

（5）发展兔产品加工业　加快兔产品加工业发展速度，减轻市场波动对家兔养殖业的影响，避免养兔生产的大起大落，促进家兔养殖业的稳定发展。

（6）建立良种繁育体系　建立规范的家兔良种繁育体系和种兔质量监控体系，根据各类型家兔及品种特点和要求制定统一的质量标准，确保种兔质量。

（7）完善组织形式及规范经营秩序　建立和完善多种形式，组织家兔生产，根据市场、地域资源、自身资源有计划、有组织地发展家兔养殖业，避免盲目性，逐步形成区域性或地域性优势，并通过规范经营秩序，避免恶意性竞争，提高养兔生产效益，稳定发展养兔业。

（8）改善养殖设施及创造良好养殖环境　目前，我国的家兔饲养业标准化、规模化、集约化经营屈指可数，抗市场风险能力较弱。随着养兔生产经营规模化程度的不断提高，改善家兔饲养设施，创造良好的养殖环境，发展标准化规模养兔是必经之路。

（9）加强品种培育和良种选育　根据自身养殖方向和地域资源条件，选择适宜的优良品种，并加强选育和品种培育，保持品种稳定性和高效性，不断提高生产水平和经营效益。

（四）我国肉兔养殖业的发展趋势

标准化规模养殖是我国肉兔养殖业健康、稳定及可持续发展的必然途径和趋势。通过标准化规模养殖，达到品种良种化、养殖设施化、饲料高效安全化、生产规范化、管理科学化、防疫程序化与制度化、粪污处理无害化及生产与管理监管常态化的目的，最大限度地提高肉兔的生产水平和养殖效益。

第三节 肉兔标准化规模生产的特点

一、肉兔标准化规模生产的概念

肉兔规模养殖生产，就是利用现代科学技术、工业设备和工业化生产方式，采用先进的科学方法来组织和管理集约化肉兔养殖生产，以提高劳动生产效率、生产水平，从而达到稳产、高产、安全、优质和低成本、高效益的目的；肉兔标准化生产，就是在肉兔规模化养殖场的场址选择、栏舍建设、生产设施配备、良种选择、投入品使用、卫生防疫、粪污处理等方面严格执行法律法规和相关标准，并按照规范的程序组织肉兔的生产过程。

二、肉兔标准化规模生产的特点和要求

（一）品种优良化

优良品种是保证肉兔规模化养殖效益的基础。因地制宜，选用高产优质高效的肉兔品种，实现良种化。规模化肉兔养殖生产，要选择传统的优良肉兔品种，或选择皮肉兼用兔品种，近年来趋向于选择优良的高产配套系。

（二）养殖设施化

设施化是肉兔标准化规模养殖与传统养殖区别所在。肉兔标准化规模生产，必须实现设施化养殖，要根据行业特点和肉兔的生物学特性，科学合理地选择场址、布局场区，圈舍及饲养和环境控制设备要满足标准化规模养殖需要。

（三）饲料高效安全化

保证饲料的高效和安全，是实现肉兔规模化养殖生产的重要环节之一。标准化、规模化程度越高，对饲料的质量和安全性要求越高。

（四）饲养规范化

要实现肉兔标准化规模生产，必须通过制定和有效实施科学规范的饲养管理规程，配备与饲养规模相适应的经营和生产管理技术人员，并争取实现生产过程的信息化动态管理，最终实现饲养规范化。

（五）管理科学化

肉兔标准化规模生产，必须重视科学化管理。这不仅包括肉兔的管理，而且包括对人和养兔场的整体运营管理。即：用先进的管理理念和手段，把科学技术和知识转化成生产力，通过管理使生产力要素转化为现实生产力，并由此使管理本身也转化为现实生产力，从而使劳动生产效率、生产水平及养殖效益最大化。

（六）防疫程序化及制度化

健康管理和疫病防控是保证肉兔标准化规模生产的重要措施。规模化肉兔生产，必须有完善的防疫设施及健全的健康管理和防疫制度，制定科学的疫病综合防控措施，有效防止重大疫病发生。

（七）粪污处理无害化

粪污的无害化处理是标准化规模肉兔生产的重要环节。随着规模化、集约化养殖业的发展，养殖生产对周边空气、土壤及地下水环境的污染问题已引起了行业和社会的高度关注。标准化规模肉兔生产，必须要有完善的无害化处理设施和设备及得当的无害化处理方法，实现粪污处理无害化或资源化利用，并要对病死兔实行无害化处理。

（八）监管常态化

标准化规模肉兔生产，必须依照《畜牧法》、《饲料和饲料添加剂管理条例》和《兽药管理条例》等法律法规，对饲料、添加剂、疫苗及兽药等投入品实施有效和常态化监管；建立肉兔养殖档案及对肉兔进行标识，实现肉兔生产全过程的可追溯，从源头上保障畜产品质量安全。这样的监管不仅包括行业行政管理部门的监管，更重要的是自身监管。

第二章 适于标准化规模生产的肉兔品种

第一节 常见优良肉兔品种

用于肉兔生产的家兔品种包括肉用型和兼用型品种，皮毛用型家兔也具有一定肉用价值。

一、优良肉兔品种

（一）新西兰（白）兔

新西兰兔原产于美国，是近代世界上最著名的肉兔品种之一，广泛分布于世界各地。

新西兰兔有白色、黑色和红棕色3个变种，目前，饲养量较多的是新西兰白兔。特征为：被毛纯白，眼呈粉红色；中等体型，头宽圆而短粗，耳较宽厚而直立；腰肋肌肉发达，四肢健壮有力，后躯发达而臀部丰满。具有肉用品种的典型特征（图2-1）。

图2-1 新西兰白兔

良好饲养管理条件下，新西兰兔8周龄体重可达1.8千克，10

周龄可达 2.3 千克，成年兔体重 4.5～5.4 千克，屠宰率 52%～55%；繁殖性能高，耐频密繁殖，年产 5 胎以上，窝产仔 7～9 只。

早期生长发育快，饲料利用率高；屠宰率高，肉质细嫩；适应性强，较耐粗饲；脚底被毛粗密，脚部皮炎发病率低；抗病力强；繁殖性能高。但要求营养水平较高，否则早期增重速度快的优点难以发挥。

作为母本与加利福尼亚兔杂交，杂交优势明显。

（二）加利福尼亚兔

加利福尼亚兔原产于美国加利福尼亚州，是一个专门化的中型肉兔品种。我国多次从美国和其他国家引进，表现良好。特征为：被毛为白色，两耳、四肢、鼻端及尾部为黑褐色，故俗称为"八点黑"，幼兔色浅，随年龄增长而颜色加深；冬季色深，夏季色浅；中等体型，头圆而额宽，耳小而直立，颈粗短，眼呈红色；肩、臀部发育良好，肌肉丰满，后躯发达（图 2-2）。

图 2-2　加利福尼亚兔

早期生长发育快，2 月龄体重 1.8～2.0 千克，成年母兔体重 3.5～4.5 千克，公兔 3.5～4.0 千克，屠宰率 52%～54%；繁殖力强，耐频密繁殖，窝均产仔 7～8 只，年可产 6 胎。

早熟易肥，肌肉丰满，肉质细嫩；屠宰率高；母兔性情温驯，产仔匀称、发育良好，泌乳力高，母性好，有"保姆兔"的美誉；

脚底被毛粗密，脚部皮炎发病率低；适应性和抗病力强；繁殖性能高。但生长速度略低于新西兰兔；断奶前后饲养管理要求较高，否则早期增重速度快的优点难以发挥。

作为父本与新西兰白兔、比利时兔等杂交，杂交优势明显。

（三）弗朗德巨兔（比利时兔）

弗朗德巨兔是英国育种家利用比利时贝韦仑一带的野生雪兔改良而成的大型肉用兔品种。在我国长期以来称为比利时兔。

毛色近似于野兔，被毛颜色随年龄的增长逐渐由棕黄色或栗色转变为深红褐色，毛尖略带黑色，腹部灰白，两眼周围有不规则的白圈，耳尖部有黑色光亮的毛边；眼睛为黑色，耳大而直立，稍倾向于两侧；面颊部突出，脑门宽圆，鼻骨隆起，类似马头，故俗称"马兔"；头型粗大，体躯较大，四肢粗壮，后躯发育良好（图2-3）。

图2-3 比利时兔

比利时兔体型大、繁殖性能优良。仔兔初生重60~70克，最大可达100克；6周龄体重1.2~1.3千克，3月龄2.3~2.8千克；成年公兔5.5~6.0千克；母兔6.0~6.5千克，最高可达7.0~9.0千克；繁殖力强，窝均产仔7~8只，最高可达16只。

适应性强，耐粗饲，生长速度快，繁殖性能良好。体型较大，采食量大，饲料利用率低，屠宰率低；笼养时易患脚皮炎、耳癣等病；产仔多寡不一，仔兔大小不匀；毛色的遗传性不稳定。

作为父本或母本，杂交效果均较好。

（四）中国白兔

中国白兔又称菜兔，是世界上较为古老的优良兔种之一，分布于全国各地，四川省成都平原饲养量最大。

嘴头较尖，无肉髯，头部清秀，耳小而直立；体型较小，全身结构紧凑而匀称；被毛纯白，眼为红色。该兔种间有灰色或黑色等其他毛色，杂色兔的眼睛为黑褐色（图2-4）。

图2-4 中国白兔

初生重40~50克，30日龄断奶体重300~450克，3月龄1.2~1.3千克；成年母兔2.2~2.3千克，公兔1.8~2.0千克；繁殖力强，年产7~8胎，窝均产仔6~8只，最多达15只以上。

中国白兔性成熟早，易配种，繁殖力强；适应性好，抗病力强，耐粗饲；肉质鲜嫩。但体型较小，产肉性能差，是家兔新品种培育的优良育种材料。

（五）公羊兔（垂耳兔）

公羊兔又名垂耳兔，原产于北非，属大型肉用兔品种。两耳长大而下垂，头粗重而形似公羊，由此而得名公羊兔；颈短，背腰宽，臀圆，皮肤松弛；性情温顺，不喜欢活动；毛色以棕麻色居多，并有白色、黑色等（图2-5）。

图 2 - 5　公羊兔

早期生长发育快，40 日龄断奶体重可达 1.5 千克，成年兔 6.0 ~ 8.0 千克，最大可达 9.0 ~ 10.0 千克；体型大，作为父本与比利时兔杂交，杂交优势明显，二者都属于大型兔，被毛颜色一致，杂交一代生长发育快，抗病力强，经济效益高；耐粗饲，抗病力强，易于饲养；体毛奇特，适于观赏。但繁殖性能低，主要表现在公兔性欲差，配种受胎率低；母兔哺育能力差，且年产窝数少，窝产仔少，成活率低；商品肉兔骨大皮松，出肉率低。不适合规模化养殖。

（六）齐卡肉用兔杂交配套系

齐卡肉用兔杂交配套系原产于德国，是由德国奇卡家兔育种场培育而成的当今世界上著名的肉兔配套系，由四川省畜牧兽医研究所于 1986 年引入。

齐卡肉兔（图 2 - 6）为三系杂交配套系，3 个品系分别为：① 德国巨型白兔（G 系）：祖代父系，全身被毛纯白，红眼，耳大而直立，头粗重，体躯长大而丰满（图 2 - 7）。② 大型新西兰白兔（N 系）：祖代父系和祖代母系，全身被毛白色，红眼；头粗重，耳短、宽、厚而直立，体躯丰满，呈典型的肉用砖块体型（图 2 - 8）。③ 德国合成白兔（Z 系）：为祖代母系，被毛白色，红眼，头清秀，耳短、薄而直立，体躯长而清秀（图 2 - 9）。

1. 生产性能

（1）G 系　成年兔体重 6.0 ~ 7.0 千克，初生重 70 ~ 80 克，35

图2-6　齐卡肉兔

图2-7　齐卡肉兔G系

图2-8　齐卡肉兔N系

图2-9　齐卡肉兔Z系

日龄断奶体重1.2千克，90日龄2.7~3.4千克，日增重35~40克，饲料报酬3.2：1。耐粗饲，适应性较好，年产3~4窝，窝产仔数6~10只。

（2）N系　成年体重4.5~5.0千克；早期生长发育快，肉用性能好，饲料报酬高（3.2：1）。德国的品种标准介绍，其56日龄和90日龄体重分别为1.9千克和2.8~3.0千克，年可育成仔兔50只。

（3）Z系　适应性强，耐粗饲；成年兔体重3.5~4.0千克，90日龄2.1~2.5千克；繁殖性能好，平均每窝产仔8~10只；幼兔成活率高，一只母兔年可育成仔兔60只。

（4）父母代母兔　窝产仔数9.2只。

（5）商品育肥兔　于28、56、70和84日龄体重分别达到0.6、2.0、2.5和3.1千克；28~84日龄饲料报酬为3.3：1。在我国开放式饲养条件下，商品兔90日龄体重达到2.58千克，日增重32克以上，料肉比（2.75～3.30）：1。

2. 配套模式

齐卡肉用兔为三系杂交配套系，具体配套模式见图2-10。

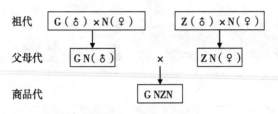

图2-10　齐卡肉兔配套示意

（七）布列塔尼亚兔（艾哥）

布列塔尼亚兔原产于法国，是由法国艾哥公司培育而成，故又称为艾哥肉兔配套系。

布列塔尼亚兔（图2-11）为四系杂交配套，4个品系分别为：① A系（GP111）：祖代父系，成年兔体重5.8千克以上，性成熟期26～28周龄，70日龄体重2.5～2.7千克，28～70日龄饲料报酬2.8：1（图2-12）。② B系（GP121）：祖代母系，成年兔体重5.0千克以上，性成熟日龄为（121±2）天，70日龄体重2.5～2.7千克，28～70日龄饲料报酬3.0：1，每只母兔年可生产断奶仔兔50只（图2-13）。③ C系（GP172）：祖代父系，成年兔体重3.8～4.2千克，性成熟期22～24周龄，性情活泼，性欲旺盛，配种能力强（图2-14）。④ D系（GP122）：祖代母系，成年兔体重4.2～4.4千克，性成熟日龄为（117±2）天，年产活仔兔80～90只，具有较好的繁殖性能（图2-15）。⑤ 父母代公兔：性成熟期26～28周龄，成年兔体重4.0～4.2千克，28～70日龄饲料报酬2.8：1；父母代母兔：被毛白色，性成熟日龄为117天，成年兔体重4.0～4.2千克，窝产活仔兔10.0～10.2只。⑥ 商品代兔：成年兔体重5.5千克以上，70日龄体重2.4～2.5千克，28～70日龄饲料报酬（2.8～2.9）：1。

图2-11　艾哥肉兔

图2-12　艾哥肉兔A系

图2-13　艾哥
肉兔B系

图2-14　艾哥肉
兔C系

图2-15　艾哥
肉兔D系

具体配套模式见图2-16。

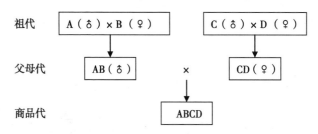

图2-16　布列塔尼亚肉兔配套

（八）伊拉兔

原产于法国，是由法国欧洲育种公司培育而成的四系杂交配套系肉用兔。商品代兔，外貌呈加利福尼亚兔毛色，全身白色，鼻端、两耳、四肢末端及尾端呈黑色（图2-17）。28日龄断奶体重680克，70日龄体重2.25千克；育肥期内日增重43克，饲料报酬

（2.7~2.9）：1；屠宰率58%~59%。

图2-17 伊拉兔

伊拉兔为四系杂交配套系，4个品系分别为①A系：为祖代父系，全身白色，鼻端、两耳、四肢末端及尾端呈黑色（图2-18）。成年兔体重为5.0千克，受胎率76%，窝均产仔数8.35只，断奶仔兔成活率89.69%，日增重50克，饲料报酬3.0：1。②B系：为祖代母系，全身白色，鼻端、两耳、四肢末端及尾端呈黑色（图2-19）。成年兔体重为4.9千克，受胎率80%，窝均产仔数9.05只，断奶仔兔成活率89.04%，日增重50克，饲料报酬2.8：1。③C系：为祖代父系，全身白色（图2-20）。成年兔体重4.5千克，受胎率87%，窝均产仔数8.99只，断奶仔兔成活率88.07%。④D系：为祖代母系，全身白色（图2-21）。成年兔体重4.5千克，受胎率

图2-18 伊拉A系

图2-19 伊拉B系

81%，窝均产仔数 9.33 只，断奶仔兔成活率 91.92%。

图 2-20 伊拉 C 系　　　　　图 2-21 伊拉 D 系

具体配套模式见图 2-22。

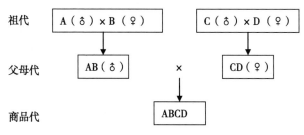

图 2-22 伊拉兔配套

二、优良兼用型兔品种

兼用型兔也是肉兔生产的重要品种类型，这类兔兼顾生产兔肉和皮毛，其皮毛质量优于肉用型兔。

（一）青紫蓝兔

青紫蓝兔原产于法国，因毛色类似珍贵毛皮兽"青紫蓝绒鼠"而得名，是世界上著名的皮肉兼用兔种。

被毛整体为蓝灰色，耳尖及尾面为黑色；眼圈、尾底、腹下和后额三角区呈灰白色；单根纤维自基部至毛梢的颜色依次为深灰色、乳白色、珠白色、雪白色和黑色，被毛中夹杂有全白或全黑的针毛；

眼睛为茶褐色或蓝色；标准型青紫蓝兔耳短而直立，大型青紫蓝兔耳大而直立（图2-23）。

图2-23　青紫蓝兔

青紫蓝兔现有3个类型：标准型体型较小，成年母兔体重2.7~3.6千克，公兔2.5~3.4千克；美国型体型中等，成年母兔体重4.5~5.4千克，公兔4.1~5.0千克；巨型兔体型较大，偏重于肉用型，成年母兔体重5.9~7.3千克，公兔5.4~6.8千克。青紫蓝兔繁殖力较强，窝均产仔7~8只，仔兔初生体重50~60克，3月龄达2.0~2.5千克。

青紫蓝兔适应性强，耐粗饲；抗病力强；繁殖力和泌乳力高；皮板厚实，毛色华丽，毛皮是良好的裘皮原料。但生长速度慢，饲料利用率低。作为母本与其他优良父本杂交，有较好的杂交优势。

（二）丹麦白兔

丹麦白兔原产于丹麦，又名兰特力斯兔，是近代著名的中型皮肉兼用型兔。

丹麦白兔中等体型，被毛纯白，柔软紧密；眼睛红色，头较大，母兔颌下有肉髯；耳较小、宽厚而直立；口鼻端钝圆，颈短而粗；背腰宽而平；臀部丰满，体型匀称，肌肉发达；四肢较细（图2-24）。

图 2 - 24 丹麦白兔

仔兔初生重 45 ~ 50 克，6 周龄体重 1.0 ~ 1.2 千克，3 月龄 2.0 ~ 2.3 千克，成年公兔 3.5 ~ 4.0 千克，成年母兔 4.0 ~ 4.5 千克；平均窝产仔数 7 ~ 8 只，最高可达 14 只。

繁殖性能好；被毛纯白而紧密，是较好的皮毛制品原料；产肉性能也比较好。作为母本与其他品种杂交，效果较好。

（三）日本大耳白兔

日本大耳白兔原产于日本，是用中国白兔和日本兔杂交育成的优良皮肉兼用型家兔品种。被毛紧密，毛色纯白；两耳直立、大而薄，针毛含量较多，耳根细而耳端尖，形似"柳叶状"；体型较大，躯体长而棱角突出；母兔颌下具有发达的肉髯；肌肉不够丰满（图 2 - 25）。

图 2 - 25 日本大耳白兔

日本大耳白兔分为 3 个类型，大型兔成年体重 5.0 ~ 6.0 千克，中型兔 3.0 ~ 4.0 千克，小型兔 2.0 ~ 2.5 千克；我国饲养较多的为大型兔，仔兔初生重为 60 克左右，3 月龄体重 2.2~2.5 千克；繁殖力强，年产 5~7 胎，窝均产仔 8~10 只，最高达 17 只；泌乳性能好，生产中常用来作为"保姆兔"。

生长发育较快，适应性强，耐粗饲；皮张质量好；该兔以耳大、血管清晰而著称，是比较理想的实验用兔。但骨骼较大，屠宰率低，是比较理想的实验用兔品种，肉兔生产杂交利用不多。

（四）哈白兔

哈白兔原产于中国，是由中国农业科学院哈尔滨兽医研究所利用比利时兔、德国花巨兔、日本大耳白兔和当地白兔通过杂交培育而成，属于大型皮肉兼用兔。被毛纯白，毛纤维比较粗长；眼睛红色，大而有神；体型较大，头大小适中，耳大而直立；体型结构匀称，体质结实，四肢健壮；肌肉较丰满（图 2-26）。

图 2-26　哈白兔

仔兔平均初生重 55.2 克，30 日龄断奶体重可达 650~1 000 克，90 日龄体重 2.5 千克，成年公兔 5.5~6.0 千克，成年母兔 6.0~6.6 千克；窝均产仔 8.8~10.5 只，平均窝产仔数 8 只以上；21 天泌乳力达 2 786.7 克；2 月龄平均日增重 31.4 克；半净膛屠宰率 57.6%，全净膛屠宰率 53.5%；饲料转化率 3.11 : 1。

哈白兔体型大，适应性强，繁殖率高，生长速度较快，产肉性能好，产肉率高。有待于进一步加强对该品种的保护和推广利用，作为父本进行杂交利用效果较好。

（五）塞北兔

塞北兔原产于中国，是由张家口农业专科学校利用法系公羊兔与弗朗德兔杂交选育而成的肉皮兼用兔，主要分布在河北、内蒙古、东北及西北等地。有 3 种毛色，以黄褐色为主，其次是纯白色和少量草黄色；耳宽大，多为一耳直立而另一耳下垂，并有两耳均直立或均下垂者；头略粗而方，鼻梁上有黑色山峰线，颈粗而短，颈下有肉髯；体躯匀称，肌肉丰满，发育良好；体型大，四肢短粗而健壮（图 2 - 27）。

图 2 - 27 塞北兔

仔兔初生重 60 ~ 70 克，30 日龄断奶体重可达 650 ~ 1 000 克，90 日龄体重 2.1 千克，育肥期料肉比为 3.29 : 1；成年兔体重 5.0 ~ 6.5 千克，最高可达 7.5 ~ 8.0 千克；年可产 4 ~ 6 胎，窝产仔 7 ~ 8 只；断奶平均成活率 81%。

适应性强，耐粗饲；抗病力强；生长发育快；繁殖力较高。但塞北兔易患脚皮炎、耳癣。多作为父本进行杂交利用。

（六）大耳黄兔

大耳黄兔原产于我国河北省邢台市的广宗县，是以比利时兔中分化出的黄色个体为育种素材选育而成，属于大型皮肉兼用兔。根据毛色不同分为 A 和 B 两个系。A 系被毛为橘黄色，耳朵和臀部有黑毛尖，B 系被毛呈杏黄色，两系腹部毛色均为白色；体躯长，胸围大，后躯发达；两耳大而直立，故取名"大耳黄兔"（图2－28）。

图2-28　大耳黄兔

成年兔体重4.0～5.0千克，大者可达6.0千克以上；年产4～6胎，窝均产仔数8.6只，仔兔成活率高。早期生长速度快，饲料报酬高，而且A系高于B系，繁殖性能则是B系高于A系；适应性强，耐粗饲；由于毛色为黄色，加工裘皮制品的价值较高。作为母本与引进品种（如比利时兔、新西兰兔等）杂交，效果良好。

三、毛皮用兔品种简介

毛皮用兔主要用于毛皮生产，但同时也具有比较高的肉用价值。规模化生产用兔品种是力克斯兔，又称獭兔和天鹅绒兔，因其毛皮酷似珍贵的毛皮兽水獭而在我国统称为"獭兔"。

獭兔原产于法国，是于1919年由普通肉兔中出现的突变种，经过选育、扩群后培育而成，被命名为"力克斯兔"，即"兔中之王"。獭兔于1924年首次在巴黎国际家兔展览会展出后，纷纷被其他国家引进，由此而迅速传播到了世界各地。人们为获得多姿多彩的天然裘用皮，各国纷纷对獭兔进行了进一步选育，经德、英、日、美等国70多年的选育，又培育出了许多各具特色的品系，各品系的外貌特征、生产性能、毛色类型和毛被质量各不相同。如英国有28个品系，德国有15个品系，美国有14个品系等。我国养兔界把从不同国家引进的獭兔冠以该国系獭兔，已引进我国的獭兔品系主要有美系、新美系、法系和德系獭兔。有关品种特征本书中不做详细介绍。

第二节　种兔的引种与管理

一、引种前应考虑的因素

（一）确定引种的类型和品种

初养者，须事先考虑市场需求和行情（如产品销路、市场价格等），同时考虑当地气候条件、饲料饲草供应以及自身条件（场地、资金、技术水平等），来选择适宜的家兔类型和品种。老养殖场（户）应考虑引种的目的（更新血缘、扩大规模或改善生产性能等），并要考虑所引品种（系）与现有品种（系）相比较有何优点或特点。若为更换血缘，应着重选择品种特征明显的个体，尤其是要注重公兔的选择。

（二）详细了解种源场的情况

引种前，必须对种源场的各种信息进行详细了解（如饲养规模、原种来源、生产水平、系谱完整性、是否具有种畜禽生产经营资质、是否曾发生过疫情以及种兔的月龄、体重、性别比例、价格等）。杜绝从曾经发生过疫病（毛癣病、呼吸道病等）的兔群进行引种，以避免引种的同时带进疾病。标准化规模养殖，必须选择设施和设备条件好、养殖环境好、技术水平高、经营管理完善、种兔质量有保证、对外供种有信誉的大中型兔场，从这些场引种相对比较可靠。

（三）接种前准备工作

种兔进场前，要对兔舍、笼具、器具等进行充分的消毒，同时要进行饲草饲料及常用药品的准备。初养兔者还必须对饲养人员进行必要的上岗培训。

二、种兔的选择技术

1. 品种或品系的选择

根据需要选择适宜的品种或品系。

2. 选择个体

同一品种（系）中，个体的生产性能也会有明显的差别，因此要特别重视个体选择。个体选择应考虑体形外貌符合品种特征；生长发育正常，健康无病；无明显的外形缺陷，如门齿过长、垂耳、小睾丸、隐睾或单睾、滑水腿、乳头数过少（少于4对）、生殖器官畸形、后躯尖斜等都属于外形缺陷。

3. 年龄选择

所引种兔选择3~5月龄的青年兔为宜，或者体重1.5千克以上的青年兔。选择时，要根据牙齿、爪来核实月龄，以防购回大龄小老兔。老年兔的种用价值和生产价值都比较低，高价购回不仅不合算，还可能有繁殖机能障碍的危险。

4. 审查和获取系谱

所购公兔和母兔之间的亲缘关系要远，特别是引种数量少的时候，血缘关系更应该远。所以，引种时必须详细审查系谱，并索要种兔卡片及其系谱资料。

5. 重视兔群健康检查

引种时必须对所引种兔群进行全面的健康检查，一旦发现该群中有毛癣病、呼吸道病，要终止在该场的引种。

三、引种数量确定

引种时，必须根据自身的需要和发展规模确定引种数量。

四、引种季节的选择

引种最好的季节是气候适宜的春秋两季，寒冬和炎夏都不适合引种兔。家兔怕热，应激反应严重，所以若在夏季引种，必须做好防暑工作，夜间起运，白天在阴凉处休息；冬季引种，注意保暖，以防感冒。

五、种兔的安全运输

家兔神经敏感，应激反应明显，引种过程中的运输不当时，轻者能使种兔掉膘、身体变弱，重者可致使发病，甚至死亡。因此，安全运输是引种过程的一个非常重要的环节。

（一）运输前的准备

1. 欲购种兔的健康检查

应由专业兽医对所购种兔逐只进行健康检查，并要求供种单位或当地畜牧兽医行政管理部门检疫并出具检疫健康证明，而且要对该批种兔的免疫记录进行询问、查询和记录，以便确定种兔引进后的免疫时间和疫苗种类。

2. 运输方式的确定

要根据路途近远、道路和交通状况、引种数量、种兔价值等确定运输方式，并根据将要采取的运输方式，在相关部门开具相应的健康检疫证明、车辆和运输笼具的消毒证明等。

3. 用具的准备与消毒

根据距离，种兔运输用笼可选用木箱、纸箱、鼠笼、铁笼等。运输用笼具以单体笼为宜，单体笼尺寸以底面积 $0.06 \sim 0.08$ 米^2，25厘米高为宜。兔笼要坚实牢固，便于搬动。使用包装箱的时候，包装箱应有通气孔，并要有漏粪尿的箱底和存粪尿的底层设备，内壁和地面要平整而无锐利物。运输笼内应铺垫卫生的干草。必须对运输用车辆、笼具、饲具等进行全面而彻底的消毒。

4. 备足饲料

要提前了解好供种单位的饲料特性和饲喂制度，带足所购兔2周以上的原场饲料。

（二）装车

装车时尽量保持轻拿轻放，动作谨慎，尽量降低装车过程对种兔的应激。笼具码放时，不仅要考虑码放牢靠，而且要考虑方便运输途中的观察和饲养管理。

（三）起运

要根据引种季节的不同选择好起运时间，并做好运输途中可能发生一切应急事件的准备后方可起运。

（四）运输途中的饲养管理

只需 1 天时间的短途运输，可不喂料、不饮水；需要 2～3 天时间运输时，可饲喂干草和少量多汁饲料（胡萝卜、土豆等），并定时少量饮水；需要 3 天以上时间的运输途中，可以定时添加干草和少量多汁饲料（胡萝卜、土豆等），也可添加少量精料，并定时饮水，需要注意的是，不能喂得过饱。

运输过程中既要注意通风，也要防止种兔着凉、感冒。车辆起停和转弯时，速度要慢，以免造成兔腰折断等伤害种兔事情的发生。

六、种兔引进后的饲养管理

（一）运具处理

引进的种兔到达目的地后，要将运输用过的垫草、纸箱、排泄物等进行焚烧或深埋处理，同时对运输用兔笼及用具进行全面彻底的消毒处理，以避免可能疾病的发生和传播。

（二）隔离饲养

引进的种兔，应首先放在远离原兔群的隔离兔舍进行隔离观察饲养。有条件的兔场，建议等该批种兔产仔后，并确认仔兔无皮癣病、呼吸道病等传染病后，再混入原兔群。无条件的兔场，建议对引进的种兔隔离观察饲养最少两周，确认健康后，再放入预备好的笼舍。

（三）饲养管理

到达目的地种兔，需要休息两小时后再喂给少量的易消化饲料或优质（含水量不能高）青草，让其食 3~5 成饱即可；同时供给少量温水，饮水中加入葡萄糖、食盐或电解多维。切记，必须杜绝暴饮暴食。以后再逐渐增加饮水和青草，让其吃五六成饱。

种兔引进 3 天后，方可逐渐供给精料，精料供给应逐渐过渡。

引进种兔的管理程序、饲养制度以及饲料特性应尽量与供种场的保持一致。确需改变时，一定要有 7~10 天的过渡适应时间。每次喂饲以采食至八成饱为宜。

（四）健康观察

对新引进的种兔应进行定时的健康观察。建议每天早晚各观察一次，主要观察内容有食欲、粪便、精神状态等，并做好观察记录，发现问题及时采取措施。

新引进种兔，一般 1 周内易发生消化道疾病。对于消化不良的兔子，可喂给大黄苏打片、酵母片或人工盐等；对粪球小而硬的兔子，可采用直肠灌注药液的方法进行处理；对患有大肠杆菌病的兔子要用抗生素进行防治。

第三章 肉兔标准化规模生产的环境管理

一、场址选择

标准化规模肉兔养殖场的场址选择一定要科学，选择场址时必须对所选地的地理、地形、地势、地质、水源、电力、交通以及周边环境等因素进行全面考虑。

（一）地理

兔场场址应选择在相对隔离、环境安静、交通便利的地方；不能靠近公路、铁路、港口、采石场等，避免噪声干扰；远离化工厂、屠宰场、制革厂、造纸厂、其他养殖场、牲口市场等可能的污染源；远离人烟密集的繁华地带，选择相对偏僻的地方。

（二）地势

养兔场应选建在地势高、背风向阳、地下水位深、排水良好的地方。低洼潮湿、排水不良的场地不利于家兔体热调节，而有利于病原微生物的生长繁殖，特别是适合寄生虫（螨虫、球虫等）的生存。为了便于排水，兔场地面要平坦或略有坡度（以 $1° \sim 3°$ 为宜）。

（三）地形

建养兔场要选择开阔、平整、紧凑的场所，不宜过于狭长或边角过多，这样不仅可以缩短道路和水电管线的距离、节约资金，而且利于兔场布局、便于管理，并使场地得到充分利用。根据具体情况，可以利用天然地形、地物（林带、山岭、河川等）作为天然屏障和场界。

（四）地质

建设养兔场的地方土质以沙壤土最为理想，这种土质兼有沙土和黏土两种土质的优点，通气透水性好，雨后不泥泞，能保持适当的干燥。导热性差，土壤温度相对稳定，不仅利于兔子的健康，也利于圈舍的建造，并能延长圈舍的使用年限。

（五）水源

建造养兔场的地方，要具有充足的水源，这样不仅能满足养兔场人和兔子的直接饮用，更重要的是满足冲洗圈舍、清洗笼（用）具、洗刷衣物、消毒等的大量用水。要有良好的水质，因为水质的好与坏直接影响着兔子和人员的身体健康，要求不能含有过度的杂质、细菌和寄生虫，不含腐败物质，不含有毒有害物质，矿物质元素不能过多或缺乏。还要便于保护和取用。最理想的水源是地下水。

（六）交通

养兔场投入生产后，进出的物流量较大，大量的草料等物质要运进去，兔产品和兔粪要运出来，所以建造养兔场的地方要交通便利，否则将会给养兔场的正常生产和工作带来诸多不便，甚至增加开支。同时要注意与道路的防疫安全距离。

（七）周围环境

养兔场的周围环境主要包括居民区、交通、电力、其他养殖场、有污染源的工业企业、畜禽屠宰企业等。

1. 居民环境

家兔养殖生产过程中形成的有害气体、排泄物及养殖生产污物，会污染周围大气和地下水，因此，养兔场不宜建在人烟密集的繁华地带，要选择相对偏僻的地方，而且最好能有天然屏障（林带、山坡、河塘等）作为隔离带。养兔场一般要距居民区 500 米以上，并处于居民区的下风头。地势最好低于居民区，但要避开居民区生活污水排放口。

2. 污染源

家兔养殖场选址，要注意本身不受污染，远离可能的污染源（化工厂、屠宰场、制革厂、造纸厂、其他养殖场、牲口市场等），并处于这些可能污染源的平行风头或上风头。

3. 噪声源

家兔胆小易被惊吓，养兔场应远离释放噪声（铁路、采石场、靶场等）的场所，尤其是可能发生爆破声的场所。

4. 电力供应

规模化养兔场对电力的依赖性很大，应靠近输电线路，同时要自备发电设备或自备电源。

5. 防疫距离

为了防疫，养兔场应距主要干线公路 500 米以上，如有天然隔离屏障或设有一定高度的隔离墙时，距离可以适当缩短。一般距离道路 100 米以上。

（八）占地面积

养兔场的占地面积应根据所养兔类型（种兔场或商品兔场）、规模、饲养管理方式和集约化程度等因素而定。一般按一只母兔及其仔兔占用建筑面积 0.8 米^2 估算，养兔场的建筑系数按 15% 计算。例如，500 只基础母兔规模的养兔场，建筑物面积约需 400 米^2，兔场占地面积约需 2 700 米^2。

总之，养兔场址的选择，必须遵循社会卫生准则，使兔场不致成为周围环境的污染源，同时必须注意不受周围环境的污染。

二、场区布局

(一) 场区布局的基本原则与要点

1. 场区布局的基本原则

从人和兔的健康角度出发，创造适宜的生产环境和卫生防疫条件，建立最佳的生产联系通道和合理的管理流程，合理安排不同区域布局、位置和区域内建筑物；根据肉兔养殖生产工艺、生产管理以及卫生防疫要求，在地势和风向上进行合理的安排和布局。

2. 场区的布局要点

(1) 总体布局合理　标准化规模肉兔养殖场不同功能区及其每个区域内设施的布局，要本着利于生产和防疫、方便工作和管理的原则，进行科学布局和合理安排。具体布局可参考图 3 - 1 至图 3 - 3。

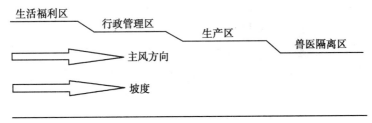

图 3 - 1　兔场地势、方向及各功能区布局位置示意

(2) 建筑物走向布置　一般建筑物应按南北向布置，长轴与地形等高线平行，这样有利于减少土方工程和确定合理的基础埋置深度；尽量将开窗较多的纵墙与夏季主导风向垂直，以加强兔舍的自然通风，起到降低舍内温度、湿度和有害气体浓度的作用。如果上述要求不能同时满足，可使建筑物朝南偏15°或东南偏15°。

(3) 功能区之间分隔　生产区与行政管理区、生活福利区和生产辅助区之间应加设围墙或利用部分建筑分隔。一般建议中大型养兔场设置第二道大门作为之间的通道，凡需要进入生产区的人员和

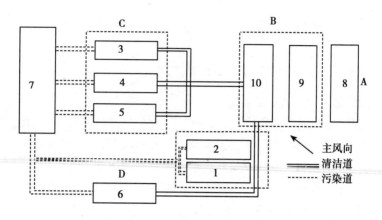

图3-2 种兔场平面布局实例一

A—生活福利区；B—辅助生产区；C—繁殖肥育区；D—兽医隔离区
1、2—核心种群车间；3、4、5—繁殖肥育车间；6—兽医隔离区；
7—粪便处理场；8—生活福利区；9、10—办公管理区

车辆均在通过第二道大门的时候进行严格消毒。场区四周及各功能区之间要设置较好的绿化隔离地带。

（4）建筑物高度与兔舍间距　合理确定建筑物高度，一般以在冬至当天当地的阳光照射在阳面墙3米以外处为基准确定建筑物间的距离，同时要考虑铺设地上、地下管线、道路和绿化占地及防疫要求。一般，前后两栋兔舍间距应该是兔舍檐高的3~5倍。

（二）场区功能区划分及平面布局

标准化规模肉兔养殖场是一个具有多个功能区且设施完善的建筑群。整个兔场根据功能不同，划分为生产区、辅助生产区、行政管理区、生活福利区和兽医隔离区五个功能区。各区的功能、特点及要求如下。

1. 生产区

生产区即肉兔养殖区，是肉兔生产的核心区域。生产区的主要建筑包括：种兔舍、繁殖舍、幼兔舍、育成舍、生产兔舍等生产设施和饲料间、更衣室、消毒池、净道、污道、排水道等辅助生产设

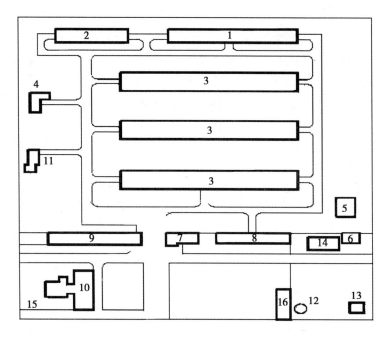

图3-3 种兔场平面布局实例二

1—原种兔舍；2—后备兔舍；3—种兔舍；4—育种技术室；5—隔离室；
6—兽医室；7—淋浴消毒更衣室；8—饲料库；9—办公楼、宿舍楼；10—食堂；
11—变电室；12—水塔；13—泵房；14—锅炉房；15—门卫室；16—车库

施。生产区的总体布局根据兔场所在地的地势和常年风向来定，应
与生活区并列排列并处偏下风头，以防止生产区的气味影响到生活
福利区。

生产区内不同用途圈舍的布局应根据当地常年主风向（特别是
夏季、冬季的主导风向）来布局。其中，种兔舍（即核心群）应置
于环境最佳的位置，位于上风头；生产兔舍应靠近一侧偏下风头的
出口处，以便于出售。按当地主导风向进行布局时，圈舍的排列顺
序依次为：种兔舍、繁殖兔舍、幼兔舍、育成兔舍和生产兔舍。为
了便于通风，兔舍的长轴应与主风向平行，这样的布局设计紧凑而
合理，能充分利用土地，兔舍温差也会相应减小，便于调节圈舍

温度。

生产区与生活福利区之间要有一定的隔离距离（一般大、中型兔场建议 20 米以上），并建 2 米高的隔离墙；生产区要视情况最少留有两个大门，分别作为净道入口和污道出口，以便不同物品运输的出入，大门入口处要设置相应的消毒设施（车辆消毒池等）、门卫室、消毒更衣室（内设更衣柜、脚踏消毒池、喷雾消毒装置、紫外线消毒装置等）；各兔舍门口也应该设置相应的消毒设施（脚踏消毒池、工作用平车消毒池等）。

生产区内道路必须有净道和污道之分，净道作为工作人员活动和饲料饲草的运输通道，污道作为粪便、污物及病死兔的运输通道。如果是双列兔舍，净道在中心道路，污道在圈舍的两头。中、大型兔场，兔舍间应保持 10 ~ 15 米的间距，间隔地带可以栽植树木、牧草或藤类等植物。

2. 生产辅助区

生产辅助区是标准化肉兔养殖的另一个重要功能区，主要包括：饲料加工车间、饲料成品库、饲料原料库、干草棚、草料晾晒场、维修车间、供水泵房、配电室等。生产辅助区的不同区域应单独成区，并与生产区隔开，但为了缩短管线和道路长度，应与生产区保持较短的距离。其中，饲料加工区域应设置在生活福利区的偏下风头、生产区的偏上风头，其他生产辅助区间和设施要根据养兔场的具体情况而定。

3. 行政管理区

行政管理区是养兔场办公和待客的场所。一般包括：办公室、接待室、陈列室、培训会议室和门卫室等，其位置应尽可能地靠近大门口，以便于对外交流和减少对生产区的干扰。

4. 生活福利区

生活福利区是养兔场员工生活的地方，主要包括：宿舍、食堂和文化娱乐场所等。为了防疫，必须与生产区分开，并在两者连接处设置消毒设施。行政管理区和生活福利区都应设置在全场的上风头和地势较好的位置。

5. 兽医隔离区

兽医隔离区是养兔场粪污等废弃物和死兔尸首处理、病兔隔离饲养与治疗处置及引进兔群隔离观察饲养的场所，是养兔场污染最为严重的地方。因此，兽医隔离区要安排在兔场的下风头，并要与生产区保持一定的距离（20~30米），四周要有隔离带和单独的出入口。兽医隔离区主要包括兽医处理室、隔离观察舍、焚烧炉（或埋尸深坑）、粪污堆放场（或处理设施）等。其中的各个功能区要单独成区，互相隔离，尤其是隔离观察舍必须与其他设施保持一定距离。

第二节 规模化肉兔场兔舍类型及建筑

一、兔舍设计与建筑的基本要求

（一）利于提高劳动生产率

兔舍既是家兔生活、生存和生产的场所，又是饲养人员饲养管理家兔和日常工作操作场所。兔舍设计不合理，会加大饲养人员的劳动强度，还会影响饲养人员的工作情绪。因此，兔舍设计与建筑要便于饲养人员的日常操作。例如，多层式兔笼设计的过高或层数过多，操作就会困难，不仅浪费时间，而且会给饲养人员对兔群的日常观察带来不便，势必影响工作效率和质量。同时要考虑劳动安全和劳动保护。

（二）符合家兔的生活习性和生物学特性

家兔在符合自身生物学特性的适宜环境下，才能充分发挥其生产潜能，所以，兔舍设计必须符合家兔的生活习性和生物学特性，这样才有利于兔舍环境（温度、湿度、光照、通风等）控制，有利于卫生防疫和便于生产管理。兔舍窗户的采光系数为：种兔舍10%、育肥舍 15%，阳光入射角度不低于 25°~30°；窗台高度以 0.7~1.0 米为宜。兔舍门要求结实、保温，门的大小以方便饲料车和清粪车出入为宜，一般宽 1 米、高 1.8~2.2 米。家兔胆小怕惊吓，抗兽害能力差，因此，兔舍门窗上安装铁丝网（夏季要装纱窗），以防蚊蝇及兽害；家兔怕热、怕潮湿，在建筑上要有相应的防雨、防潮、防暑降温、防严寒、防风等措施。总之，兔舍内应干燥，通风良好，光线充足，冬暖夏凉，防暑防兽害，并要有利于防疫消毒。

（三）符合不同生理阶段兔的要求

兔舍的形式、结构、内部布置等必须符合不同类型兔的饲养管理和卫生防疫要求，同时须与当地的地理、气候条件相适应。兔舍的跨度以兔舍类型、兔笼形式和排列方式及当地气候环境来定。理论上讲，跨度越大，单位面积的建筑成本就会越低，但过大不仅会影响兔舍的采光面积和通风，同时会给兔群实施责任制带来不便，一般兔舍跨度应控制在 10 米以内。不同舍内排列类型的跨度及其舍内布局可参照表 3-1。

表 3-1　兔舍内排列类型与跨度

兔舍内排列类型	跨　度	舍　内　布　局
单列式	不大于 3 米	一个走廊，一个粪沟
双列式	4 米左右	一个粪沟，两个走廊或一个走廊两个粪沟
三列式	5 米	两个走廊，两个粪沟
四列式	6.5~8.0 米	两个粪沟，三个走廊

兔舍的长度没有严格规定，可根据场地情况、建筑物布局、兔舍类型、兔舍排列、规模数量、班组生产量等，结合兔舍跨度来灵活掌握，一般控制在 50 米以内。

（四）兔舍各部分的建筑必须符合建筑学的一般要求

兔舍各部分的建筑和设施，需符合建筑学的一般要求。比如建筑材料，尤其是兔笼材料要坚固耐用，防止被兔啃咬而受到损坏。兔舍内要设置排污系统，排污系统包括排粪沟、沉淀池、暗沟、关闭器、蓄粪池等。排粪沟要有一定坡度，以便在打扫和用水冲刷时能将粪污顺利排出舍外，并顺利通往蓄粪池，同时也便于兔尿和漏水随时排出舍外，降低舍内湿度和有害气体浓度。兔舍屋顶要完全不透水、隔热，具体材料可采用水泥构件或瓦片等，舍顶部设置天花板，并选用隔热好的材料。兔舍地面要坚固致密，平坦不滑，抗机械能力强，耐腐蚀，易清扫，保温防寒，实际生产中以水泥地面最多，舍内地面要高出舍外地面 20～30 厘米。选材要因地制宜、就地取材，在保证达到设计要求的前提下，尽量降低建筑成本、节省资金；各种材料应具备防腐、保温、坚固耐用等特点。

（五）消毒池或消毒盆设置

为便于卫生防疫和消毒，兔场的进入口要设置消毒池，以便进出车辆的消毒；兔舍门口设置脚踏消毒池或消毒盆，便于进出人员、饲料和粪污运输车的消毒。消毒池要方便更换消毒液。

二、兔舍类型及其特点

兔舍的类型较多，且各具特色，不同地区应因地制宜，建造适合当地环境条件和自身条件的兔舍。标准化规模养殖肉兔舍主要有封闭式和无窗式兔舍 2 种。我国标准化规模肉兔养殖场一般采用修建规格较高的封闭式兔舍，而国外养兔发达国家多采用无窗笼养式兔舍。

（一）封闭式兔舍

封闭式兔舍是我国北方规模化养兔场目前多采用的兔舍形式。密闭式兔舍的上部有屋顶，四周有墙壁，前后有窗户和通风口，圈舍通风换气依赖门窗和通风口，生产活动完全在舍内进行。优点：具有良好的保温和防暑作用，能人为进行环境控制，便于管理操作，可有效放止兽害；缺点：比较封闭，舍内空气质量较差，冬季须处理好通风和保温的矛盾。根据舍内设施和设备的排列方式不同，可分为单列式、双列式和多列式等。

1. 单列封闭式兔舍

兔笼单列布局在兔舍的背面，笼门朝南，兔笼与南墙之间为工作走道，兔笼与北墙之间为清粪道，南北墙距地面20厘米处留有通风口。这种兔舍的优点是冬暖夏凉、通风良好、光线充足；缺点是兔舍利用率低（图3-4）。

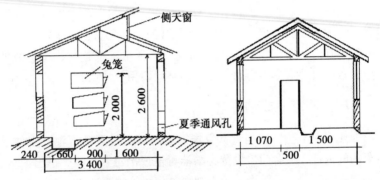

图3-4　单列封闭式兔舍（单位：毫米）

2. 双列封闭式兔舍

两列兔笼背靠背排列在兔舍中间，两列兔笼之间为清粪沟，兔笼与南北墙之间各有一条工作走道（图3-5）；或者是兔舍中间为工作走道，走道两边各排列一列兔笼，两列兔笼分别与南北墙之间为两个清粪沟（图3-6）。南北墙有采光通风窗，接近地面处留有通风孔。这种兔舍的室内温度好控制，通风和采光良好，但靠北面的一列兔笼的采光和保暖条件较差。由于空间利用率高，饲养密度大，在冬季为保温封闭门窗后，有害气体浓度也较大。

3. 多列封闭式兔舍

除上述的单列、双列式外，并有多列封闭式兔舍（图3-7至图3-9）。多列封闭式兔舍的采光和通风设施与单列式或双列式相同。优点是饲养密度大，兔舍利用率高；缺点是越靠北面的列笼采光和保温越受影响，自然通风条件较差。

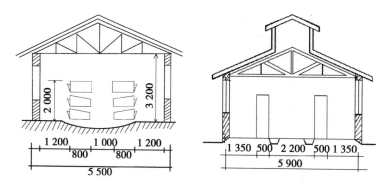

图3-5 背靠背双列封闭式兔舍（单位：毫米）

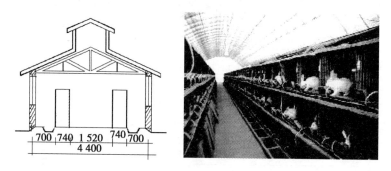

图3-6 面对面双列封闭式兔舍

图3-7 四列封闭式兔舍（单位：毫米）

（二）无窗式兔舍

即环境控制型兔舍。这种兔舍全密闭，无窗户，室内温度、湿度、通风换气及光照等全部靠人工控制。优点：可以不受任何外界

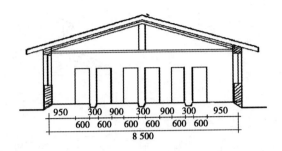

图 3-8 六列封闭式兔舍（单位：毫米）

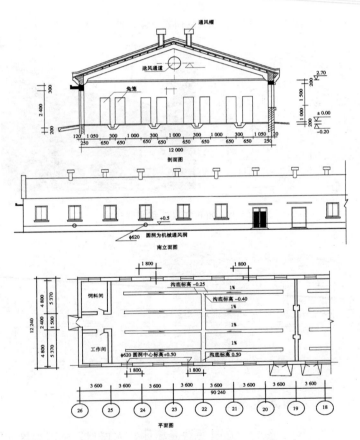

图 3-9 八列封闭式兔舍（单位：毫米）

自然环境的影响，能为兔子创造适宜的生活、生存和生产环境，生产效率高；缺点：一次性投资大，对水电的依赖性极强。发达国家采用这种形式的兔舍。

三、兔舍主要部位结构的建筑要求

兔舍因类型不同其建筑结构也不尽相同，下面介绍我国规模化肉兔养殖场目前多采用的密闭式兔舍主要建筑结构及其基本要求。

（一）墙体与基础

墙体造价占兔舍总造价的30% ~ 40%，冬季通过墙体散失的热量占兔舍总失热的40%。因此，兔舍的墙壁不仅要经久耐用、坚固抗震、耐水、防火、抗冻、便于清扫消毒，同时要具备良好的保温和隔热性能。墙体的建筑材料应根据当地的材料来源、气候特点等来选择。地基是整个地下承重部分，必须具备足够的承重能力和稳定性，一般可用毛石、灰土（8：7）等。

（二）屋顶

屋顶是兔舍散热最多的部位，因此要求屋顶能冬季保温、夏季隔热，耐火防潮。建筑材料根据具体情况可选用黏土瓦、挂瓦板、石棉瓦、水泥构件、彩钢瓦等；在下弦较低的情况下，需要尽量创造较大的空间（如采用吊斜顶的办法可以增大室内容积），减少换气次数，求得良好的经济效果。跨度较小的兔舍可采用混凝土两铰屋架、小角钢或小钢管屋架等。

（三）地面

地面总体要求保暖、坚实、平整、不透水；同时要有一定坡度，坡向排水地漏，便于清扫消毒及保持舍内干燥。笼养兔舍以采用水泥地面为最佳；也可采用三合土（石灰：碎石：黏土 = 1：2：4）夯实或砖砌地面，但排粪沟必须用防酸水泥抹面，以防排粪沟被粪腐蚀而剥脱。

第三节 标准化规模肉兔场 常用生产设备

肉兔标准化规模生产常用的养殖设备主要包括兔笼、喂料设备、饮水设备、产仔箱、清粪设备等。

一、兔笼

(一)兔笼设计的基本要求

符合家兔的生物学特性,耐啃咬,耐腐蚀;结构合理,易清扫、易消毒、易维修、易更换,大小适中,可保持卫生;管理方便,劳动效率高;选材经济,质轻而坚固耐用。

(二)兔笼规格

兔笼大小要以家兔类型、品种、年龄及兔舍类型等不同而定。设计兔笼时可根据兔子的体长来估算,笼长为体长的 1.5 ~ 2.0 倍,笼宽为体长的 1.3 ~ 1.5 倍,笼高为体长的 0.8 ~ 1.2 倍。从肉兔类型上应考虑:大型兔笼要稍大,小型兔要偏小,种用兔要稍大,商品育肥兔要偏小;从兔笼排列形式上应考虑:排列层数多或兔笼较高时,深度应略浅。具体可以参考表 3 - 2 所列规格。

表 3 - 2 密闭式舍内笼养兔兔笼的最小规格

兔类型	体重/千克	面积/米²	宽度/厘米	高度/厘米	深度/厘米
种 兔	<4.0	0.20	50	30	40
	4.0 ~ 5.5	0.30	60	35	50
	>5.5	0.40	75	40	55
育肥兔	<2.7	0.12	40	30	30
产仔箱	>4.0	0.10	33	25	33
	<4.0	0.14	40	30	30

注:产仔箱设置在笼外的前侧或旁边一侧,如果放在笼内,则笼宽度应增加 10 厘米

（三）兔笼结构及要求

兔笼是肉兔生产主要的养殖设备。一个完整的兔笼主要由笼门、笼壁、笼底板（底网）、承粪板及支架5部分组成。制作笼体的材料和工艺多种多样，而标准化规模肉兔养殖场一般用冷拔丝点状焊接而成。目前，市场上销售有专门生产兔笼企业的兔笼。在此，就兔笼体的结构及基本要求介绍如下。

1. 笼门

笼门一般是安装在兔笼的前面，如果是单层笼也可安装在笼顶。笼门的基本要求：启闭方便、防啃咬、防鼠、防兽害。笼门框架要平滑，以免刮伤兔子。笼门右侧安装转轴，向右侧开启，大小以（40~50）厘米×35厘米为宜。如将草架、食槽、饮水器等兔笼附属件安挂在笼门上，不仅能提高工作效率，也能增加笼内面积，减少开门次数。

2. 笼壁及笼顶

指笼子的四周和笼子顶面。笼壁要平滑，以免损伤兔体和钩挂兔毛；并要坚固防啃咬；网眼大小要适中，过大时仔兔、幼兔容易跑出笼子或窜笼。冷拔丝之间距以1.5~2.0厘米为宜。

3. 笼底

兔笼关键部分。兔笼底的质地、网孔大小、平整程度等对兔的健康及兔笼的清洁卫生有直接影响。笼底网要平整、不滑，坚固而不硬，便于兔子的行走，耐腐蚀，易清理，能及时排出粪便；笼底网宜设计成可拆卸的，以便于清洗、消毒及维修。笼底因材料和制作工艺不同，主要分为以下几种（图3-10）。

（1）网状笼底　多用镀锌冷拔丝编制或用塑料通过制模浇制而成。镀锌冷拔丝编制的网状笼底的网孔要求：断奶幼仔兔（1.0~1.1）厘米×（1.0~1.1）厘米，成兔（1.7~1.9）厘米×（1.7~1.9）厘米，厚度2.5~3.0毫米。网状笼底易挂钩兔毛，低温时不利于兔子的健康。而且镀锌冷拔丝编制的网状兔笼成本比较高。

（2）板条式笼底　用竹板、塑料板条等制作而成。板条宽

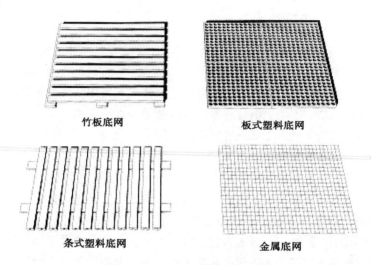

竹板底网

板式塑料底网

条式塑料底网

金属底网

图 3 - 10　各种类型的兔笼底板

2.0 ~ 5.0 厘米，厚度适中，间距 1.1 ~ 1.3 厘米，要求既易漏粪又避免夹兔子腿。多采用竹板条制作笼底，但须注意表面平滑无毛刺，间隙前后均匀一致，固定竹板用的钉子不能突出在外面，板条走向应与笼门相垂直。板条式笼底也应设计成活动式。

4. 承粪板

承粪板的主要作用是承接上层笼兔子排泄的粪尿，以防止污染下面的兔子和兔笼。要求表面平滑易清理、耐腐蚀、质量轻。承粪板通常可用塑料板、铁皮、油毡、水泥板、玻璃钢板、石板或石棉瓦等来制作。承粪板的安装要呈前高后低（工作走道一侧高，清粪沟一侧低）的倾斜式，倾斜角度为 10° ~ 15°；宽度应大于兔笼，前伸 3.0 ~ 5.0 厘米，后延 8.0 ~ 15.0 厘米，以便于粪尿直接流入粪沟。多层设置时，上层笼的承粪板也就是下层笼的笼顶。笼底与承粪板之间要有 14 ~ 18 厘米的间隙，以利于清理粪尿、通风和采光。

5. 支架

标准化规模养殖肉兔用笼一般都有支架，支架材料多为角铁（35 厘米 × 35 厘米）、竹棍、硬木条等。底层笼要用支架架离地面 30

厘米左右，以利于通风、防潮，保证底层兔较好的生活环境。

（四）兔笼及摆设形式和高度

兔笼有活动式和固定式兔笼之分。活动式兔笼是可以根据需要，将每个能随意装拆的兔笼（或笼片）固定在木制、竹制或角铁制作的支架上，形成单层或多层笼列，规模化养兔场多采用此种兔笼。兔笼摆放分为多层和单层摆放两种。目前，国内规模化养兔场兔笼一般采用多层摆放，国外养兔发达国家有的采用单层摆放。

1. 多层摆放

多层摆放是将多层兔笼按要求进行摆放。优点是：有效利用兔舍空间，提高饲养密度及兔舍利用率；缺点是：操作不方便，兔舍环境不好控制。多层摆放分为阶梯式和重叠式两种。

（1）阶梯式　就是将兔笼放置在互不重叠的几个水平层面上，这种摆放方式通风良好，饲养密度比单层平台式大，但上层笼操作不方便，笼子的深度要求不能太深（小于60厘米）。阶梯式根据同一笼架上兔笼摆放不同分为全架阶梯式（图3-11至图3-13）和半架阶梯式（图3-14）两种。其中，全架阶梯式是指笼架前后两侧背靠背摆放有兔笼，而半架阶梯式是指笼架一侧摆放有兔笼，另一侧靠墙。阶梯式根据上下层兔笼摆放位置又可分为全阶梯式（图3-11）和半阶梯式（图3-12至图3-14）两种。其中，全阶梯式，上、下层笼体完全错开，粪便直接落入笼下的粪尿沟内，不设承粪板。全阶梯式饲养密度较高，通风透光好，观察方便，但因层间完全错开而纵向距离大，上层笼的管理不方便，清粪也较困难，因此，适宜两层笼摆放和机械化操作。半阶梯式兔笼介于全阶梯式和重叠式兔笼中间的一种摆放形式，上、下层兔笼之间部分重叠，重叠处设承粪板。半阶梯式饲养密度大，兔舍的利用率高，缩短了层间兔笼的纵向距离，且上层笼易于观察和管理，但因有部分重叠而下层笼管理不太方便，这种摆放形式既可手工操作，也适于机械化管理，在我国多采用。

（2）重叠式　上下层兔笼完全重叠地放置在一个垂直面上，层

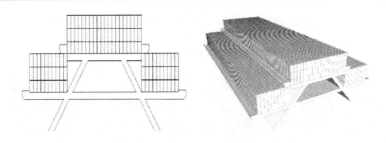

图 3 - 11　两层全架全阶梯式兔笼剖面及效果

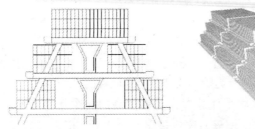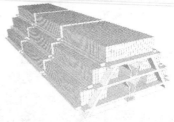

图 3 - 12　三层全架半阶梯式兔笼剖面及效果

图 3 - 13　两层全架半阶梯式　　　　图 3 - 14　三层半架半阶梯式
　　　　　摆放兔舍　　　　　　　　　　　　摆放兔舍

间设承粪板。优点是：兔舍的利用率高，单位面积饲养密度大；缺点是：舍内的通风透光性差，兔笼上、下层温度和光照不均匀，且会给管理带来不便。因此，重叠层数不宜过多，一般以 2 ~ 3 层为宜，总高度约 2 米。重叠式又可分为面对面式（图 3 - 15 至图 3 - 17 和图 3 - 19）和背对背式摆放（图 3 - 18）两种。面对面式摆放是指两列兔笼面对面摆放，中间为公用净道，两侧为污道，兔面对面采食；背对背式摆放是指两列兔笼背对背摆放，中间为公用污道，两侧为净道，兔背靠背采食。

图 3 - 15　三层兔笼重叠式摆放兔舍

图 3 - 16　两层兔笼重叠式摆放兔舍

图 3 - 17　兔笼面对面重叠摆放兔舍

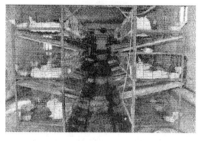

图 3 - 18　兔笼背对背重叠摆放兔舍

图 3 - 19　兔笼重叠式面对面摆放兔舍

2. 单层式

单层笼摆放又称为平台式摆放（图 3 - 20），是将单层兔笼摆放在离地面 30 厘米或距粪沟 30 厘米以上的支架上。这种兔笼摆设方式便于管理，通风好，但饲养密度小，不能有效利用空间。单层摆放也可采用悬挂式兔笼（图 3 - 21）。

图 3 - 20　单层兔笼式兔舍

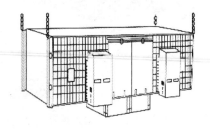

图 3 - 21　悬挂式兔笼

（五）运输笼

运输笼是用来转运兔的笼具。一般不用配置草架、食槽、饮水器等附属设备。要求制作材料轻，装卸方便，结构紧凑，坚固耐用，透气性好。大小规格要一致，可重叠码放。笼内可根据需要分成若干小格，以便于分开单个或小群放兔。要有承粪尿装置，以防止途中尿液外溢。实际应用中有竹制运输笼、柳条运输笼、金属运输笼、纤维板运输笼、塑料运输笼等，其中，金属运输笼底部有金属承粪托盘；塑料运输笼是用模具一次性压制而成，四周留有透气孔，笼内可放置笼底板，笼底板下面铺垫锯末木屑，以吸尿液。

二、饲喂设备

（一）草架

草架是盛放粗饲料、青草和多汁饲料的饲具。草架的作用是防止饲草被兔踩踏污染，节省饲草。草架可用铁丝、木条、竹片等做成，呈"V"字形。制作草架时铁丝、布条或竹片之间的间隙要适宜，靠兔笼一侧栅条可较宽（4.0～5.0 厘米），两侧及外侧栅条应较密（2.0～3.0 厘米）。栅条间距过小会影响兔采食，过大则会漏草而浪费草料，也容易让幼仔兔轻易进出而外跑。

草架可根据需要制作成多种形式，包括门上固定式、群养使用式及翻转式（图 3－22）。

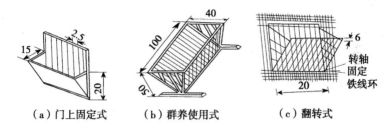

（a）门上固定式　　　（b）群养使用式　　　（c）翻转式

图 3－22　各种类型的草架（单位：厘米）

挂在笼门上的草架，长 25～33 厘米，高 20～25 厘米，上口宽 15 厘米，顶部要设计盖子，以防幼仔兔轻易进入后由草架跑出。

也可以将两兔笼相邻面笼壁顶部设计为一定斜度，两笼相邻处的顶部形成"V"字形，前面开 15 厘米×15 厘米的加草口，作为草架。这种草架即可减少加草次数，又可充分利用空间，残留草料直接落入承粪板内。

群养兔用草架，形状与笼挂式草架相同，呈"V"字形，是供一群兔食草用。长 100 厘米，垂直高度 50 厘米，上口宽 40 厘米。下面有底座固定。

（二）食槽

食槽又称料槽或饲槽，用来盛放兔饲料。兔用食槽多种多样，制作工艺可简可繁，还有自动化食槽。目前，生产中使用的食槽有竹制、陶制、水泥制、铁皮制、塑料制等多种。食槽规格依需要而有所不同。规模化肉兔养殖场，多采用自动食槽。自动食槽的容量较大，安置在笼前壁上，适合盛放颗粒饲料，饲料从笼外添加，并兼有喂料和贮料双重功能，添加一次料可供兔采食几天，饲喂时省时省力，饲料不易被污染，浪费也少。自动食槽一般是用镀锌铁皮制作而成，也可用工程塑料模压成型，有加料口和采食口两个开口，多悬挂在笼门外侧，笼外加料，笼内采食，食槽底部应分布有均匀的小圆孔，随时将颗粒料中的粉末料漏到食槽外，以防止粉末料霉变或被兔子吸入呼吸道而引发咳嗽和鼻炎等呼吸道疾病。食槽上沿边应向内弯曲 15～20 毫米，以防止兔抛洒饲料。

（三）喂料车

喂料车是用来装载饲料喂养兔子的专用车，一般用角铁制成框架，用镀锌铁皮制成箱体，框架底部前后安装 4 个轮子，其中，前面的 2 个轮子要用万向轮。喂料车的大小和规格根据兔舍工作走道的宽窄来定。

三、饮水设备

规模化养兔场多采用自动化饮水系统，能不间断地供给清洁饮水，不仅能保证饮水的卫生质量，也省工省力。但对水质要求较高，水质不好时容易产生水垢而使饮水器失灵、漏水，所以，需要定期清洁饮水器乳头。

自动饮水系统由过滤器、自动饮水器、三通、输水管、储水箱（箱内装有自动上水装置）等组成，其中，自动饮水器由外壳、伸出体外的阀杆、装在阀杆内的弹簧和密封圈等组成，自动饮水嘴采用不锈钢或铜质材料制作而成。

饮水嘴之间用供水管及三通相互连接，进水管最前端与储水箱连接，另一端封闭。平时阀杆在弹簧的弹力作用下与密封圈紧密接触，使水不能流出。当兔子口部触动阀杆时，阀杆回缩并推动弹簧，使弹簧和密封圈之间产生空隙，水通过间隙流出，兔子便可饮用。

使用自动化饮水系统要注意以下问题。

① 水箱：水箱位于低压水位（最顶层饮水器）上不超过 10 厘米，以免底层饮水器压力过大。水箱的出水口应设计在水箱底部上 5 厘米，以防沉淀杂质进入饮水器。箱底要设置排水管，以便定期清

洗排泄杂质；水箱顶部设置箱盖。

② 供水管：供水管一般要用颜色较深（黑色或黄色）的塑料管或普通橡皮管，以防苔藓滋生堵住水管。使用透明塑料软管时，要定期（至少每两周一次）清除管内苔藓，也可在饮水中加入无害的消除水藻的药物。供水管与笼壁要保持一定距离，以防被兔咬破。

③ 饮水器：发现乳头饮水器滴漏时，用手反复按压活塞乳头，检查弹簧弹性、密封橡皮垫是否破损或凹凸不平，并根据具体情况尽快进行修复，对无法修复的应立即拆换。饮水嘴安装在距笼底 8 ~ 10 厘米的高处，以保证大小兔都能喝上水，并要靠近笼角处，防止兔身体经常的触碰。

四、产仔箱

产仔箱又称巢箱或产箱，是供母兔筑巢产仔、哺乳幼仔兔以及幼仔兔出窝前后主要生活场所，产仔箱制作的好坏直接影响着断奶仔兔的成活率。通常在母兔接近分娩时放入兔笼内或挂在笼外。

（一）制作材料及要求

制作产仔箱的材料要能保温、耐腐蚀、防潮，多用木板、塑料、铁皮制作。用铁皮制作时，内壁、底板要垫上保温性能好的纤维板或木板。产仔箱内壁要平滑，以防母兔、仔兔出入时蹭破皮肤。产仔箱底面可粗糙一些，以便于仔兔走动时不至滑脚。

（二）规格

产仔箱的规格根据兔种类不同而有所不同，具体规格可参照表 3 - 3。

表 3 - 3　产仔箱的最小规格

母兔体重	面积/厘米^2	长/厘米	宽/厘米	高/厘米
4 千克以上	1 200	30	40	30
4 千克以下	1 100	33	33	25

（三）类型

产仔箱的种类繁多，按放置位置有内置式和外置式等，按放置方式有平放式和悬挂式等，按开口式样有平式和月牙式等。目前，规模化兔场主要采用以下几种产仔箱。

1. 外挂式产仔箱

产仔箱悬挂在笼外，在笼壁和产仔箱对应处设置一个兔子进出孔口。产仔箱的上部要设置活动箱盖，箱盖平时关闭，以保持产箱内光线暗淡，适应母兔和仔兔的习性，并有效减少或杜绝母兔的食仔现象。观察和管理仔兔的时候，打开活动上盖。因产仔箱悬挂于笼外，不占用兔笼内的有效空间，不妨碍母兔正常活动，管理方便。

2. 月牙状开口产仔箱

一般是用 1 厘米厚的木板钉作而成，平放于母兔笼内。箱上片靠后侧顺长短方向 1/5 封闭，4/5 开口，箱体规格为长 35 厘米×宽 30 厘米×高 28 厘米。在箱前侧片中央上部距箱底 12 厘米处开始，开设一多半个月牙状开口，作为母兔的进出口（图 3 – 23）。

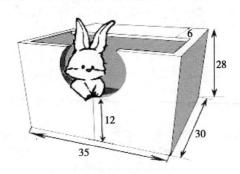

图 3 – 23　月牙式产仔箱（单位：厘米）

3. 平放式产仔箱

一般用 1 厘米厚的木板钉作而成，平放于母兔笼内。箱上水平口，上口周围制作必须光滑，不能有毛刺，以免蹭伤母兔乳房而导致乳房炎。箱底留些小孔，以利于排尿、透气。平放式产仔箱不宜过高，以方便母兔跳进跳出。

五、清粪设备

规模化养兔场多采用机械化粪便清理系统。生产中常用的机械化清粪系统多为导架刮板式清粪机，这种机械化清粪系统由绞盘、转角轮、限位清洁器、紧张器、刮粪装置、钢索和清洁器等组成，系统平面布置如图 3 - 24 所示，其中，刮粪装置的构造和工作原理如图 3 - 25 所示。

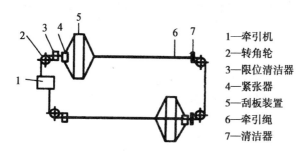

1—牵引机
2—转角轮
3—限位清洁器
4—紧张器
5—刮板装置
6—牵引绳
7—清洁器

图 3 - 24　导架刮板式机械化清粪系统平面布置

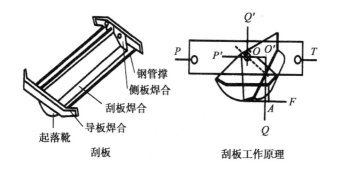

图 3 - 25　刮板构造及工作原理

第四节 兔舍内环境的控制

一、有害气体调控工程与技术

（一）控制兔舍内空气质量的重要性及质量要求

家兔对环境空气质量敏感，污浊的空气会显著提高家兔呼吸道疾病（如巴氏杆菌病、波氏杆菌病等）的发病率。有报道，每立方米空气中氨气含量达50毫克时，兔呼吸频率减慢、流泪、鼻塞；达100毫克时，兔流泪、流鼻涕以及口涎现象显著增多。主要有害气体允许浓度标准见表3-4。

表3-4　兔舍内空气质量要求标准

有害气体种类/（毫克/米^3）	要求标准
氨气	<30
硫化氢	<10
二氧化碳	<3 500

（二）有害气体控制工程与技术

1. 通风换气要求

兔舍有害气体的控制除采取降低饲养密度、增加清粪次数、减少舍内水道和饮水器具漏水现象等饲养管理措施外，更重要的是要通过合理的通风换气系统来实现。

家兔的通风换气量参数见表3-5。

表3-5　家兔的通风换气参数　　　　　　（米^3/小时）

生理阶段	冬季	春秋季	夏季
哺乳期母兔/只	5.3	7.4~11.8	59.4
1千克活重公兔/只	1.52	2.1~3.4	16.9

（续表）

生理阶段	冬季	春秋季	夏季
90 天内生长期兔/只	1.14	1.5 ~ 2.5	12.5
90 天内生长期兔/千克体重	0.5	0.6 ~ 1.0	5.0
135 天以上肥育兔/只	1.22	1.6 ~ 2.6	13.4
135 天以上肥育兔/千克体重	0.4	0.55 ~ 0.89	4.47

① 兔舍内气流速度均匀稳定，无死角和局部"短路"，也不能有贼风（尤其是冬季）。

② 维持舍内适宜的气温和空气新鲜，防止气温剧烈变化、室内有害气体浓度偏高和湿度过大。

③ 采用机械通风时，入舍气流的流向不能直冲兔群。

④ 舍内空气流速不超过每秒 50 厘米，冬季控制在 20 厘米以下。

⑤ 前后兔舍的排风口或进风口应安置在相对两侧，以防止舍内污浊空气排出后再通过进风口进入另一栋兔舍内而产生危害。

2. 通风形式

有自然通风和机械通风两种形式，建造兔舍时要根据当地的自然条件、养殖规模、饲养密度、兔舍类型、笼具排列方式等不同来选择。

（1）自然通风系统　自然通风是指借助于自然的风压（自然刮风作用于建筑物表面的压力）和热压（热气流上升生成的压力差）产生的空气流动，通过门窗及通风道形成的空气交换。冬季紧闭门窗时，主要利用热压来完成自然通风，其他季节主要靠风压来完成。所以，兔舍应设进排风口、风帽或其他排气设施。

风帽设在屋顶，直径 40 ~ 50 厘米，风帽内有活动门，以调节通风量，风帽上口高于房脊 50 ~ 70 厘米。风帽间隔 3 ~ 4 米。屋外进气口应下弯或加挡板或设置帽子，以防止冷空气或降雨水直接侵入，稍早前养殖舍多采用这种方式。目前，在建筑兔舍时，自动排风系统大部分采用"无动力自然通风器"（表 3 - 6 和图 3 - 26）。无动力自然通风器是通过涡轮叶壳上的叶片捕捉迎风面上的风力来推动叶壳旋转，涡轮叶壳因旋转而产生离心力，将涡轮叶壳内的空气由背风面的叶片间诱导排出。由于空气的排出，使涡轮壳内下部附件区域产生负压，为维持空气动态平衡，正压区域的空气就会自然地向负压区流动，从而达到通风换气的效果。无动力自然通风器由涡轮叶壳、中心轴系统、切风片、泛水切口、支承座等组成；防水效率100%。根据通风量设计要求的不同，有不同的直径型号，应根据饲养密度、兔舍结构、兔舍类型、当地常年风速等具体情况进行选择，一般情况下同一直径，叶片数量越多，效果越好。通常，无动力自然通风器是按照常年平均风速为 3.4 米/秒（三级风）、室内外温差5℃来设计，如室外温差大于5℃可适当增加安装数量。

表 3-6　无动力自然通风器参数参考

排风口直径/毫米	叶片数量/片	排气量/（米³/分钟）	材　　质
160	15	15	不锈钢/彩钢板/塑钢
200	16	18	不锈钢/彩钢板/塑钢
300	20	23	不锈钢/彩钢板/塑钢
360	24	28	不锈钢/彩钢板/塑钢
400	28	32	不锈钢/彩钢板/塑钢
500	32	50	不锈钢/彩钢板/塑钢
600	32	65	不锈钢/彩钢板/塑钢
680	36	80	不锈钢/彩钢板/塑钢
800	42	96	不锈钢/彩钢板/塑钢
900	48	118	不锈钢/彩钢板/塑钢

采用自然通风时，为保障空气流动通畅，兔舍跨度不宜过大，以 6~8 米为宜。排气孔面积为地面面积的 2%~3%，进气孔面积可按排气孔总断面面积的 70% 来计算。屋顶坡度最好大于 25°，以利于

图 3 - 26　无动力自然通风器

热空气的排除。自然通风系统结构简单、投资少、运行成本低，但其通风效果主要依赖于当地的自然气候条件，不好控制。

（2）机械通风系统　借助于通风机械实现通风，来有效地组织通风换气，建立良好的小气候环境，保证家兔的健康和生产潜能的发挥。机械通风有 3 种方式：负压通风（抽风）、正压通风（送风）和联合式通风（又抽又送）。

①负压通风。通过风机抽出舍内污浊空气，新鲜空气通过舍内形成的负压经过进气口流入舍内而完成舍内外空气交换。采用负压通风时，风机安装在兔舍污道出口山墙上部位置，进风口设置在另一侧净道出入口山墙上，形成一侧抽风一侧进风的纵向通风，效果最好。一般兔舍多采用负压通风。

②正压通风。通过风机向舍内送风，借助于送风形成的空气压力，将舍内污浊空气通过排风口排向舍外，完成空气交换。可采用两侧送风屋顶排风，也可采用屋顶送风两侧排风，还可采用一侧送风一侧排风。屋顶送风是采用屋顶水平管道送风系统，新鲜空气由大功率轴流风机压入管道，再通过管道上的等距离圆孔进入舍内，这种通风系统可以设置对空气进行过滤、加热或降温，有效控制舍内环境。极端气候条件（炎热或寒冷）的地区可采用这种通风方式。

③联合式通风。在屋顶水平送风系统的基础上，将两侧的自然通风改为机械通风，以进一步提高通风效果。大跨度的密闭式兔舍多采用这种通风方式。

二、光照控制工程与技术

（一）控制兔舍光照的重要性及要求

光照对肉兔的生理和生产有较大影响，合理的光照强度和长度可以促进家兔机体的新陈代谢、增强食欲，提高红细胞和血红蛋白含量，促进合成维生素 D，调节钙磷代谢，促进生长。同时，光照与家兔的繁殖关系密切，光照有助于生殖系统的发育，促进性成熟。种类及生理阶段不同的肉兔，所需光照时间和强度有所不同（表3-7）。

表3-7　家兔适宜的光照要求

家兔种类或生理阶段	光照时间/（小时/天）	光照强度/勒克斯
繁殖母兔	14 ~ 16	20 ~ 30
公兔	10 ~ 12	20
肥育兔	8	20
皮毛生产期獭兔	8 ~ 10	20

（二）采光控制工程

兔舍采光有人工采光和自然光照两种方式。养兔先进国家采用的全密闭式兔舍（无窗兔舍）需要完全的人工采光。我国普遍采用的舍内密封式（开放、半开放式）兔舍及完全敞开式，是采用"自然光照＋人工辅助补充光照"的采光方式，以自然光照为主，特殊情况下人工补充光照。

兔舍设计和建筑时，必须考虑家兔采光要求和当地的自然光照条件。采用自然光照时，兔舍门窗的有效采光面积应占地面积的10% ~ 15%。入射角（舍内地面中央到窗户上缘所引直线与水平面之间的夹角）为25°以上，透光角（舍内地面中央一点到窗户下缘所引直线与水平面之间的夹角）不低于5°。入射角与透光角的角度越大越有利于采光，但需防止夏季阳光直射到兔笼上。

（三）采光控制技术

光照控制技术上，要在设计和建筑好自然采光的基础上，根据特殊需求、季节等人工辅助补充光照，以满足家兔需求。家兔属于夜行动物，对光照强度要求不高，人为控制光照时，强度在 20～30 勒克斯便能满足要求，或者不低于 4 瓦/米^2。需要注意的是，光线的分布要均匀，光源以 25～40 瓦的白炽灯为宜（也可折算采用荧光灯或节能灯），灯泡的高度为 2.0～2.4 米，相邻灯泡之间距离为高度的 1.5 倍；加用平形或平伞形灯罩，光照强度可以增加 50%。两排以上灯泡设置时，排与排应交错。不同光源的光效特性详见表 3-8。

表 3-8 不同光源的光效特性

光 源	功率/瓦	光效/（勒/瓦）	寿命/小时
白炽灯	15～1 000	6.5～20.0	750～1 000
荧光灯	6～125	40.0～80.0	5 000～8 000

三、环境温度控制工程与技术

（一）控制兔舍环境温度的重要性

环境温度与家兔关系密切，直接影响着家兔的健康、繁殖、采食和生长。环境温度不适时，家兔都会通过机体的物理和化学方法来进行调节，消耗体能和营养物质，从而影响生产性能。尤其是环境温度过高或过低，超出家兔机体自身调节能力时，不仅会影响生产性能，且影响家兔的健康，降低抵抗力，升高发病率，甚至造成死亡。所以，家兔舍内温度控制十分重要。

（二）家兔的适宜环境温度要求

兔因品种、生理阶段等的不同，对环境温度的要求有别。成年

兔低温耐受极限为 -5℃，高温耐受极限为30℃；繁殖公兔长时间生存在30℃的环境条件下，会出现"夏季不育"，甚至中暑。不同生理阶段家兔对环境温度的要求见表3-9。

表3-9   不同生理阶段肉兔对环境温度的要求

生理阶段	初生仔兔	1~4周龄仔兔	成年兔
适宜温度/℃	30~32	20~30	15~20
要求说明	巢箱内温度	笼内环境温度	笼内环境温度

（三）环境温度控制工程

兔舍环境温度的控制，首先要在修建兔舍前，结合当地气候条件，选择好兔舍的类型；其次，做好兔舍外围护结构的设计，使外围护结构（主要是墙体和屋顶）的隔热性能（热阻值）接近当地民用建筑标准；再者，结合兔舍有害气体控制，考虑保温要求，做好兔舍通风系统的设计和安装。较热地区炎热季节可考虑屋顶水平送风系统对送入空气的降温，或湿帘通风等；寒冷地区寒冷季节可考虑屋顶水平送风系统对送入空气加温，或热风炉装置等。

（四）环境温度控制技术

兔舍环境温度的调控技术，主要是寒冷季节的兔舍增温和炎热季节散热降温。

1. 寒冷季节的兔舍增温技术

（1）集中供暖   采用锅炉或空气预热装置等集中产热，再通过管道将热水、蒸汽或热空气送往兔舍。集中供暖多用于黄河以北地区较大规模的兔场。集中供暖一般按15~18℃舍温进行热工艺设计。供暖设计时，要考虑家兔的产热量。据测定，在环境温度为1℃时，成年兔每千克体重每小时可散发19.12千焦的能量，20℃时，为16.57千焦；同一温度环境下，幼兔产热量比青年兔、成年兔高（表3-10）。兔舍内饲养密度较低时，进行热工艺设计可以不考虑兔的产热量。

表3-10　20℃环境温度下不同日龄家兔产热量和二氧化碳排出量

家兔日龄	产热量/ ［千焦/（千克体重·小时）］	二氧化碳排出量/ ［毫升/（千克体重·小时）］
15	22.68	980
35	33.76	1 392
65	22.51	910
105	18.16	764
成年兔	16.57	607

（2）局部供暖　在兔舍内分别安装供热设备，如普通煤火炉、火墙、电热器、保温伞、散热板、红外线灯等，这些取暖方式多在跨度小、规模小的兔舍应用。目前，有专业生产的兔产仔箱电褥子，可对产仔箱进行增温。使用煤火炉时必须设置好排烟系统，以防止煤气中毒。

（3）热风采暖　利用电力或天然气能源作为热源，在进风口进行加温后，通过管道分送到兔舍的各个空间。相对而言，这种装置比较经济，供暖均匀，且能降低兔舍内湿度，避免因换气造成室温骤降对家兔带来不良反应。利用天然气或煤气作为空气加温能源时可能会散发对家兔有害的气体，所以生产中常以电力作为能源。

（4）兔舍增温的其他方法　适当提高饲养密度，可以在一定程度上提高兔舍温度；对规模化养兔场来说，设置专门的供暖产房和供暖育仔间等，也能有效改善冬繁效果。

2. 兔舍的散热降温控制技术

① 修建保温隔热兔舍。

② 兔舍前种植树木和攀缘植物（图3-27），搭建遮阴棚（图3-28），窗外设挡阳板，窗户挂窗帘等，以减少阳光对兔舍的照射，降低舍内温度。

③ 安装通风设备，加强通风量，促使空气流动，帮助兔体散热，并驱散舍内产生和积累的热量。

图3-27　兔舍前种植攀缘　　　图3-28　兔舍前搭遮阴网
　　　　　植物遮阴　　　　　　　　　　　遮阴

④ 安装水帘。水帘降温法，是兔舍进行纵向负压通风，在进风处（风机对面墙）设置水帘（图3-29），水管不断向水帘上喷凉水，使热空气经冷却和净化后进入兔舍。在上午温度升高之前打开"纵向通风—水帘系统"，可降低兔舍温度（一般能降低5～8℃）。

⑤ 有条件的养兔场，尤其是种兔舍，可以考虑安装空调。

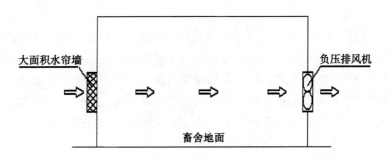

图3-29　水帘降温

四、湿度控制工程与技术

（一）控制兔舍湿度的重要性

湿度不是兔舍需要重点控制的环境因素，但高温高湿和低温高湿对家兔的影响较大。高温、高湿，会增加高温对兔子的危害程度，影响兔机体的散热，极易出现中暑现象；低温、高湿，则会增加低温对兔子的危害程度，提高兔子机体散热量。对仔兔影响较大，对幼兔的影响更大。适温，高湿，虽然不会对兔子产生重大危害，但这种环境有利于细菌、寄生虫的活动，明显增高兔群的螨病、球虫病、湿疹等发病率。所以，湿度虽然不是兔舍重点控制的环境因素，但也不能忽视。

（二）兔舍湿度要求

兔舍湿度以 60%～65% 为宜，一般不能高于 70%，不能低于 55%。

（三）控制兔舍湿度的技术措施

① 加强兔舍通风。

② 降低饲养密度。

③ 勤清理粪尿，必要时在排粪沟内可撒一些吸附性强的物质，如石灰、草木灰等，可以降低舍内湿度。

④ 冬季兔舍增温可以缓解高湿的不良影响。

⑤ 炎热季节用凉水降温时，要注意湿度过高而加重高温的危害。

五、噪声控制工程与技术

（一）控制兔舍噪声的重要性

家兔胆小怕惊，突然的噪声会引起家兔不良反应。噪声对妊娠母兔、哺乳母兔和断奶幼兔的影响尤其严重。所以，控制兔舍噪声必不可少。

（二）减少噪声的技术措施

① 养兔场选择场址时，要选在远离公路、铁路、工矿企业、靶场、石料厂等可能产生噪声的地方。

② 养兔场布局时，饲料加工车间与生产区要保持一定距离。

③ 人员日常工作操作时，动作要轻、稳，避免发出刺耳或突然

的响动。

④ 购买通风换气、清粪、搬运草料等室内设备时，选择噪声小者。

⑤ 汽（煤）油喷灯消毒尽量避开母兔妊娠期集中的时间进行。

⑥ 禁止在兔舍周围燃放烟花爆竹。

第五节　肉兔粪污的无害化处理

一、兔粪尿污染的特点和危害

（一）对空气污染

饲料中的蛋白质、糖类、脂类物质在被兔采食后经消化、吸收和转化代谢，形成粪、尿的过程中，会产生氨气、硫化氢、吲哚、硫醇、硫醚、甲醛、乙醛、丙烯醛、甲胺、乙胺、苯酚、硫酚、挥发性脂肪酸等具有恶臭气味的物质，会影响养殖场周围的空气质量。这些恶臭物质不仅会刺激人的神经系统，毒害呼吸中枢，使人感到头痛、恶心，危害饲养人员及周围居民身体健康。同时也有害于肉兔自身生长，影响生产性能。恶臭气体中，氨气和硫化氢对人畜影响最为严重。另外，养殖场所积压、贮存的粪便和其他废弃物，经风吹日晒，人为翻动或动物的啄食、翻动，被弄成碎片、碎屑，即可被风吹散到远处，甚至成为飘尘，长期在大气中悬浮，附着其上的病原微生物、寄生虫卵被广泛传播，也对大气造成了一定污染。

（二）对土壤污染

少量的粪污直接进入土壤，其中的蛋白质、脂肪、糖等有机质能被土壤微生物分解，使土壤得到净化，但若污染物排放量超过土壤的自净能力，便会出现降解不完全和厌氧腐解，产生恶臭物质和亚硝酸盐等有害物质，引起土壤的组成和性质改变，破坏其原来的基本功能。尤其是添加在饲料中未被机体完全吸收利用的铜、铁、锌、锰、砷等微量元素不经合理处理，将会污染土壤，被作物大量吸收后残留在农产品中，通过食物链进入人畜体内，给人畜健康造成威胁。此外，土壤虽对各种病原微生物有一定的自净能力，但进程缓慢，增加净化难度，故易造成生物污染和疫病传播。土壤的污染还容易引起地下水的污染。

（三）对水污染

肉兔规模化养殖不仅需要大量水，同时也严重影响对水环境。兔粪便的淋溶性较强，若不及时处理，便通过径流污染地表水，进而通过土壤渗滤污染地下水，而粪便和废水中含有大量的有机物（如氮、磷、钾、硫等）、寄生虫和致病菌等污染物，并有恶臭。未经处理的高浓度有机废水的集中排放，大量消耗水体中的溶解氧，使水体变黑发臭。水中氮、磷等营养物促使水体富营养化或使地下水中的硝态氮或亚硝氮浓度增高，严重影响水体质量和人畜健康。

（四）重金属污染

随着规模化、集约化肉兔养殖业的迅速发展，利用重金属或微量元素（如高铜日粮）的技术不断普及，对改善肠道功能及促进肉兔生长起到了一定作用，但这些元素大量随粪便排出体外，也污染环境。重金属从土壤表层向下层迁移量比作物地上部分带去的量高几十倍至百倍。此外，粪便中高铜是短期应激因子（碱性高、缺氧、高铜等）之一，可抑制或杀死分解有机物的细菌，降低粪便的分解速度。粪尿中丰富的有机物与矿物质元素能增加生化需氧量、化学耗氧量。

（五）抗生素污染

饲料中添加的抗生素在肠道中未被完全吸收的部分随粪尿排出。在以猪粪作为肥料的地里种植洋葱、玉米和洋白菜做试验，结果显示，3 种作物只吸收氯四环素（金霉素），不吸收泰乐菌素，虽然植物组织中吸收的氯四环素含量不高，但是其含量随着氯四环素在饲料中添加量的增加而提高。充分说明了粪便中抗生素的污染。

（六）寄生虫和病原菌污染

目前世界有已知"人畜共患疾病"250 多种，我国有 120 多种。"人畜共患疾病"是指那些由共同病原体引起的人类与脊椎动物之间相互传染的疾病，其传染渠道主要是患病动物的粪尿、分泌物、污染的废水、饲料等。畜禽粪尿中含有大量的寄生虫和病原菌，对人类和畜禽有着较大的潜在威胁。

二、肉兔粪污的无害化处理方法

（一）兔粪尿污物的固液分离技术

固液分离就是运用物理和化学方法除去包含在粪、粪尿混合液或污水等废弃污物中的固态物的操作。在粪污固液分离的废水处理过程中，一般采用以下流程进行无害化处理：固液分离→沉淀→汽化→酸化→净化→鱼塘→排放。这种处理系统基本可将污水净化到符合排放标准，得到综合利用。但处理工艺的流程较长、占地面积大、工程投资费用高。

（二）兔粪污的生物处理和利用技术

1. 兔粪污的生物处理方法

生物技术在近年研究较多、应用较广泛，应用前景较好，主要有厌氧发酵法和好氧发酵法。

（1）厌氧发酵　是在缺氧条件下，利用自然微生物或接种微生物将粪污中的有机物转化为二氧化碳与甲烷。优点：处理终产物恶臭味减少、产生的甲烷可作为能源使用；缺点：氨气挥发损失多、处理池体积大。

（2）好氧发酵　在有氧条件下，利用自然微生物或接种微生物将粪污中的有机物转化为二氧化碳和水。优点：池的体积仅为厌氧池的 1/10，处理过程可减少恶臭气；缺点：需要通气与增氧设备，在处理过程中有大量的氨气挥发损失，处理产物仍有较浓的臭味，且养分损失严重，影响到处理产物的肥效。

2. 兔粪污利用技术

（1）堆肥化利用　是目前最现实、经济的利用方式，已经成为许多国家最主要的处理方式。当前国内的发酵技术已经成熟，通过对粪便高温烘干灭菌及高压膨化除臭，添加氮、磷、钾等元素，制成高效有机肥，可取得可观的经济效益。

（2）沼气综合利用　是防控养殖废弃物污染的重要手段之一。粪尿厌氧发酵处理后，气体部分可提供能量，固体部分进行高温堆肥。规模化养殖场沼气工程，是以粪尿及污水等为原料，在隔绝氧气的条件下，通过微生物的作用，将其中的碳元素分解为可燃气体（沼气）的一种转换装置。一个完整的沼气工程应同时具备消除污染、产生能源和综合处置三大功能，也就是说，粪尿和污水经过厌氧消化后，既可获得优质能源，又能处理废弃物、净化环境，还可进行生物质资源的多层次利用和综合利用。利用兔粪尿污物及污水进行厌氧发酵，产生的沼气成为廉价的燃料，分离出来的沼渣、沼液则作为优质肥料，不但可以减少污染、保护环境，且可获得优质能源、提高经济效益。

（三）养殖废水处理技术

污水的处理是降低肉兔养殖场污染的重要内容之一。近年来，越来越多的规模化养殖场采用高效厌氧反应器作为厌氧处理单元，单元从厌氧出水开始到氧化塘自净结束。部分养殖场在厌氧处理后，采用活性污泥法或生物接触氧化法作为好氧处理单元，再到氧化塘。经过该工艺处理后的养殖场污水，基本能达到国家要求排放标准。

随着对畜禽污水排放要求的提高，尤其在水环境敏感地区，出水要求达到国家一级或二级排放标准，这就要求能进一步脱氮除磷，避免水体富营养化。安装好氧处理或脱氮除磷处理单元，无疑会增加基建投资和运行费用。因此，探讨占地少或能充分利用周围塘系统、投资少、运行成本低、处理效果良好的流程和技术成为当前规模化养殖生产面临的重大研究课题。

（四）粪污臭气的处理方法

1. 吸附及吸收法

在养殖场，常用的方法是向粪便或舍内投放吸附剂来减少气味的散发。

2. 焚烧法

将有臭味的气体焚烧，可减少臭味的强度。

3. 化学与生物除臭法

4. 洗涤法

让污染气体与化学试剂接触，通过化学反应与吸附作用去除有味气体。

5. 生物过滤与生物洗涤法

在有氧条件下，利用好氧微生物的活动，把有味气体转化成无味或较少气味气体。本法投资少、运行成本低，一般不产生有害物质，比较有发展前途。

（五）减少养殖污染的其他技术和方法

1. EM 的应用

EM 是一种微生态制剂的简称。它由日本琉球大学比嘉照天于 20 世纪 80 年代研制成功，含 5 科 10 属 80 种微生物。EM 不仅为畜禽提供了大量优质的菌体蛋白，还含有丰富的维生素、生长素、酶和抗病毒物质等免疫活性物质。EM 进入肠道内建立优势菌群，从而抑制了有害菌群的定植，改善了肠道微生物区系的平衡，增强了动物的健康。

饲喂 EM 可以提高饲料利用率，提高生长速度，增强畜禽的免疫能力和抗病性，还能改善肉质，提高产品质量。在环保方面，EM 可以清除粪尿恶臭，净化生态环境。

EM 中的酵母菌、乳酸菌等，对有机固体物质进行发酵分解；光合成菌、固氮菌等，能利用分解过程中产生的有害物质（沼气、氨气、硫化氢等）及分解产物（无机盐等），可有效降低有毒、有害物质的含量，减少污染。

2. 酶制剂的应用

粪便中的有机物主要是畜禽没有充分消化吸收的有机营养物质、体内代谢产物、肠液等，这些有机物被粪便中的细菌分解后会产生有害气体（如氨气及胺类、硫化氢、有机酸、粪臭素等），酶制剂可帮助畜禽更好地消化利用饲料中的营养物质。这对于减轻微生物繁殖、苍蝇滋生及环境污染都具有十分重要的意义，还能节约饲料消耗、减低饲养成本。研究表明，酶制剂可明显减少粪便干物质的排泄量，但必须与粪便的合理收集、存贮、干燥、发酵等措施结合，才能有效缓解其对环境造成的污染。

3. 食物链"加环"技术

在肉兔养殖生产过程中，加入一个"增益环"，即利用畜禽粪便养殖蝇蛆、蝇蛹、蚯蚓、水蚤和培育浮游生物等，再将这些生物用作饲料原料，不仅减少了粪污污染，且可提高粪便利用率及安全性。这些生物产生的粪又可作为优良有机肥利用。

第四章 肉兔标准化规模生产的繁育技术

第一节 肉兔的繁殖生理与规律

一、肉兔的繁殖特性

(一)母兔的繁殖特性

1. 双侧子宫型

母兔的两侧子宫无子宫角和子宫体之分,两侧子宫各有一个子宫颈开口于阴道,属于双子宫类型。因此,不像其他家畜那样,受精卵可以从一个子宫角向另一个子宫角移行。

2. 刺激性排卵

只有在公兔交配,或相互爬跨,或注射激素后才发生排卵,这种现象称为刺激性排卵或诱导排卵。

3. 假妊娠

母兔排卵后未受精,而黄体尚未消失,就会出现假妊娠现象。假孕可延续16~17天。因此,饲养管理上应注意3个方面问题:养好种公兔,采用重复配种或双重配种;繁殖母兔单笼饲养,防止母兔相互爬跨刺激;发现假孕现象可注射前列腺素促进黄体消失,若生殖系统有炎症的病例应及时对症治疗。

4. 营巢分娩

母兔具有营巢分娩行为。母兔在妊娠后分娩前的2~3天开始衔草做窝,并将胸部毛拉下铺在窝内,这种行为持续到临产,大量拉毛则出现在临产前3~5小时。

5. 极强的繁殖能力

兔常年发情，家兔的妊娠期 29～31 天，性成熟在 4 月龄左右，年产 4～6 胎，高者 8～11 胎，胎产仔一般 6～8 只，高者达 15 只以上，出生后 5～8 月龄即可配种繁殖。因此，家兔具有很强的繁殖能力。

（二）公兔的繁殖特性

1. 睾丸位置变化不定

公兔一生中睾丸的位置经常变化，初生仔兔的睾丸位于腹腔，附着于腹壁。1～2 月龄下降至腹股沟管内，此时睾丸尚小，从外部不易摸出，表面也未形成睾丸。2.5 月龄以上的公兔已有明显的睾丸。睾丸降入阴囊的时间一般在 3.5 月龄，成年公兔的睾丸基本上在阴囊内。成年公兔的腹股沟管宽而短，终生不闭合，睾丸可以自由地缩回腹腔或腹股沟管内，或下降到阴囊里，因此会经常发现有的公兔阴囊内偶尔不见睾丸，轻轻拍打臀部，睾丸就会下降到阴囊里。在选种时，不要把睾丸暂时缩回腹腔误认为隐睾。

2. "夏季不育"现象

大多数公兔具有"夏季不育"现象，尤其是德系安哥拉兔。当外界温度超过 30℃时，公兔食欲下降，性欲减退，射精量减少。持续高温时，可使睾丸产生的精子减少，死精子和畸形精子比例增高，甚至不产生精子。

二、肉兔的繁殖规律

（一）肉种兔的初配年龄

初配年龄是指家兔在性成熟后，身体各器官发育基本完善，体重达到一定水平，适宜配种繁殖后代的年龄。正常饲养条件下，一般在体重达到其成年体重的 70%～75%、公母兔性成熟后进行初配。不同品种类型肉种兔的初配年龄可参照表 4-1。初配年龄过大，母兔易发生难产。商品肉兔生产，母兔初配年龄有提早的趋势。

表4-1　不同品种类型种兔初配年龄及适宜体重

品种类型	性别	初配年龄/月龄	适宜体重
小型品种	公、母	4~5	成年兔体重的75%
中型品种	公、母	5~6	成年兔体重的75%
大型品种	公、母	7~8	成年兔体重的75%

(二) 种用年限

种兔的种用年限，一般公兔为3~4年，母兔2~3年。母兔随着年产窝数的增加，利用年限缩短。优秀个体使用合理，可适当延长利用年限。国外规模化生产兔群，利用年限一般为1年。

(三) 公母比例

公母比例根据生产目的、配种方法和兔群体大小的不同而有所差异。商品肉兔生产，本交公母比例一般为1：（8~10），人工授精1：（50~100）。生产种兔的兔群，公兔的比例稍大一些，本交时公母比例一般为1：（5~6）。群体越小，兔群中公兔比例应越大，同时要注意兔群中公兔应有足够数量的血统。

(四) 母兔的发情生理

1. 发情表现

母兔发情时，多表现为食欲下降、精神不安、往返跑动、顿足刨地，并常在食盘等用具上摩擦下腭，俗称"闹圈"。同时，母兔的外阴部也有变化，其变化规律为苍白→粉红→红色→紫红，并有水肿和分泌黏液。

在母兔外阴部变化不同颜色时配种，其繁殖形状有所不同。外阴部苍白、干燥、萎缩时配种，为时过早，配种的受胎率低、产仔数少；外阴部大红、湿润、肿胀时配种，恰到好处，配种的受胎率高、产仔数多；外阴部黑紫、不湿润、微萎缩时配种，为时已晚，配种的受胎率低、产仔数少。建议外阴部为红色或淡紫色并且充血肿胀时配种,正所谓"粉红早,黑紫晚,大红正当时"。

2. 发情持续期及发情周期

一般母兔的发情持续期为 3 天,发情周期为 7~15 天。

3. 发情特征

母兔发情无季节性,一年四季均可发情、配种、产仔。母兔发情表现的三方面(即精神状态、交配欲及卵巢和生殖道变化)并非总能在每个发情母兔的身上出现,可能只是同时出现一个或两个,这便是母兔发情的不完全性。生产中应细心观察母兔的每个发情表现,及时配种,才能保证较高的配种受胎率和产仔数。母兔产后会普遍发情,此时可进行配种,即常说的"血配"。产后 6~12 小时配种,受胎率最高。仔兔断奶后,母兔普遍会发情,这时配种受胎率也较高。仔兔断奶过迟对提高兔群繁殖力不利。

(五)妊娠生理及妊娠检查

1. 妊娠期

母兔妊娠期因母兔品种(系)、年龄、营养、个体及胎儿的数量和发育情况等的不同而略有差异,一般为 30~31 天(28~34 天),不到 28 天为早产,超过 34 天为异常妊娠。

2. 妊娠检查

及早、准确地检查母兔是否怀孕,对于提高家兔繁殖速度非常重要,也是养兔生产者必须掌握的一项技术。生产实践中,一般采用摸胎法检查母兔是否怀孕。一般在母兔交配 10~12 天、早晨饲喂前空腹进行摸胎。摸胎具体操作方法是:将母兔放在桌面或地面上,左手抓住兔的两耳及颈皮,兔头朝向摸胎者,右手大拇指与其他四指分开呈"八"字形,手心向上,自前向后沿腹部两旁摸索(图 4-1)。若腹部柔软如棉,则没有受胎;如摸到像花生米样(直径 8~10 毫米)、大小能滑动的肉球状物,一般是妊娠的征兆。

母兔摸胎注意事项如下。

① 兔粪球与胚胎的区别。配种 10~12 天的胚泡与粪球的区别:粪球虽呈圆形,但多为扁椭圆形,表面粗糙不光滑,指压无弹性,

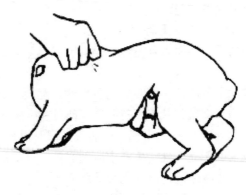

图 4 - 1　兔妊娠检查摸胎手法

分布面积较大且不规则，并与直肠宿粪相接；而胚胎呈圆球形，位置也比较固定，多数均匀地排列在腹部后侧两旁，指压时光滑而有弹性。

②随妊娠时间不同，胚泡的大小、形态和位置有变化。妊娠10～12 天，胚泡呈圆球形，似花生米大小，弹性较强，在腹后中上部，位置比较集中；妊娠 14～15 天，胚泡仍为圆球形，似小枣大小，弹性强，位于腹后中部。

③因胎次不同，胚泡的大小和位置有所差异。一般初产母兔的胚胎稍小，位置靠后上部；经产母兔胚胎稍大，位置靠下。

④胚胎与子宫瘤、子宫脓疱和肾脏的区别。子宫瘤虽有弹性，但增长速度慢，一般多为 1 个。当肿瘤脓疱多个时，大小一般相差较大，而胚胎大小相差小。此外，脓疱手摸时有波动感。当母兔膘情较差时，肾脏周围脂肪少，肾脏下垂，有时会误将肾脏与 18～20天的胚胎相混淆，摸胎时必须注意。

⑤切忌用力挤压。摸胎时，动作要轻，切忌用力挤压，以免造成死胎或流产。

⑥提前摸胎要注意再一次确认。技术熟练者，摸胎可提前到交配后的第 9 天，但 12 天时需要再确认一次。

（六）分娩生理及护理

1. 分娩预兆

多数母兔在临产前 3 ~ 5 天，乳房肿胀，能挤出少量乳汁；外阴部肿胀充血，黏膜潮红湿润，食欲减退。在临产前数小时，也有在产前 1 ~ 2 天者，开始衔草作巢，并将胸、腹部毛用嘴拉下来，衔入巢内铺好做窝。

初产母兔如不会衔草、拉毛营巢，管理人员可代为铺草、拉毛做窝，以启发母兔营巢做窝的本能。一般拉毛与母兔的泌乳有关，拉毛早则泌乳早，拉毛多则泌乳多。

到产前 2 ~ 4 小时，母兔情绪不安，频繁出入产箱，并有四肢刨地、顿足、拱背努责和阵痛等表现。

2. 分娩过程

母兔分娩多在夜深人静或凌晨，因此要做好接产工作。分娩时，体躯前弯呈坐式，阴道口朝前，略偏向一侧，这种姿势便于用嘴撕裂羊膜囊，咬断脐带和吞食胞衣。母兔边产仔边将仔兔脐带咬断，并将胎衣吃掉，同时舔干仔兔身上的血迹和黏液。母兔的分娩时间较短，一般只需 15 ~ 30 分钟，但也有个别母兔产下一批仔兔后，间隔数小时，甚至数十小时再产第二批仔兔。

3. 分娩前后的护理

分娩前 2 ~ 3 天，应将消毒好的巢箱及时放入兔笼内，垫窝用刨花最好。对于不拔毛的母兔，可以在其产箱内垫一些兔毛，以启发母兔从腹部和肋部拔毛（此两处毛根在分娩前比较松动）。

分娩结束后，母兔要跳出巢箱觅水，所以在分娩前后，要供给充足的淡盐水，及时满足母兔对水的需要，以免母兔因口渴一时找不到水喝，跑回箱内吃掉仔兔。

产仔结束后，要及时清理产仔箱内胎盘、污物，清点仔兔数，对未哺乳的仔兔进行人工强制哺乳。产仔多的可找保姆代哺，不然要及时淘汰体重过小或体弱仔兔，或对初生胎儿进行性别鉴定将多余弱小的公兔淘汰。

4. 定时分娩技术

母兔怀孕达到或超过 30 天时，可用诱导分娩技术和人工催产进行定时分娩。

（1）诱导分娩技术　将妊娠达到或超过 30 天的母兔放置在桌子或平坦处，用拇指和食指一小撮一小撮地拔下乳头周围的被毛。然后将其放到事先准备好的产箱里，让出生 3 ~ 8 日龄的其他窝的仔兔（5 ~ 6 只）吸吮奶头 3 ~ 5 分钟，再将其放入产箱里，一般 3 分钟左右后便能开始分娩。

生产实践中，50% 以上的母兔要在夜间分娩。在冬季，尤其对初产或母性差的母兔，若产后得不到及时护理，仔兔易产在窝外冻死、饿死或掉到粪板上死亡，影响仔兔成活率。采用诱导分娩技术，可让母兔定时分娩，提高仔兔成活率。

（2）人工催产　对妊娠已达到或超过 30 天还不分娩的母兔，先用普鲁卡因注射液 2 毫升在阴部周围注射，使产门松开，再用后叶催产素 1 支（2 国际单位）在后腿内侧肌注，数分钟后，子宫壁肌肉开始收缩，顺利时在 10 分钟内即可全部产出。

人工催产不同于正常分娩，母兔对产出的胎儿往往不去舔食胎膜，造成仔兔的窒息性假死，如果不及时抢救，会全部死亡。因此，产后要及时清除胎膜、污毛、血毛，用垫草盖好仔兔，并给母兔喂些青绿饲料和饮水。

第二节　家兔的配种技术

一、适宜配种时间的选择

母兔在交配刺激后 10 ~ 12 小时即可排出卵子，家兔卵子保持受精能力的时间为 6 小时；精子保持受精能力的时间有 30 小时，而精子借助输卵管分泌物的获能作用需 6 小时，也就是精子进入输卵管部 6 小时后，才具备了与卵子结合的能力。母兔外阴部呈大红或淡紫红色并且充血肿胀时配种，人工输精的最适时机在排卵刺激后 2 ~

8 小时为宜。

对于发情的母兔，配种应在饲喂后 1~2 小时进行，一般应在清晨、傍晚或夜间进行。母兔产后配种时间根据产仔多少、母兔膘情、饲料营养、气候条件等而定，对于产仔少、体况良好的母兔，可采用产后配种，一般在产后 6~12 小时进行，受胎率较高；产仔较少者，可采用产后第 14~16 天进行配种，哺乳期间采用母子分离，让仔兔两次吃奶时间超过 24 小时，这时配种发情率和受胎率较高；产仔数正常，可采用断奶后配种，一般在断奶当天或第 2 天进行配种。

二、人工催情方法

对于不发情的母兔，除改善饲养管理外，可以采用激素、性诱导等方法进行催情。

（一）激素催情

通过静脉、肌肉或皮下注射激素进行催情。

1. 孕马血清促性腺激素

每只母兔皮下注射 15~20 国际单位的孕马血清促性腺激素，60 小时后，在耳静脉注射 5 微克促排卵 2 号或 50 单位人绒毛膜促性腺激素，然后配种。

2. 促排卵 2 号

视母兔体重大小不同，每只母兔耳静脉注射促排卵 2 号 5~10 微克后配种。

3. 瑞塞脱

每只母兔肌肉注射瑞塞脱 0.2 毫升后，立即配种，受胎率可达 72%。

（二）性诱导催情

将不发情的母兔与性欲旺盛的公兔关在一起 1~2 天，或将母兔放入公兔笼内，让公兔追赶、爬跨后捉回母兔，每天 1 次，2~3 天后就可诱发母兔发情、排卵。

三、配种方法

家兔的配种方法有 3 种：自然交配、人工辅助交配和人工授精。

（一）自然交配

指公、母兔混群饲养，母兔发情期间任凭公、母兔自由交配。优点是：配种及时，能防止漏配，节省劳力。缺点有：公兔整日追逐母兔交配，体力消耗过大，配种次数过多，精液质量低劣，受胎和产仔率低，且易衰老，缩短利用年限，配种头数少，不能发挥优良种公兔的作用；无法进行选种选配，极易造成近亲繁殖，品种退化，所产仔兔体质差，兔群品质下降；容易引起公兔与公兔间因争夺一头发情母兔而打斗以致受伤，影响配种，严重者还会失去配种能力；未到配种年龄，身体各部尚未发育成熟的公、母幼兔，过早配种怀胎，不但影响本身生长发育，且胎儿也发育不良；若老年公、母兔交配，所生仔兔亦体质虚弱，抵抗力低。两种情况均可造成胚胎死亡或早期流产，即使能维持到分娩，所生仔兔成活率也低。还有一缺点是容易传播疾病。

（二）人工辅助交配

人工辅助交配，就是在公、母兔分群或分笼饲养的条件下，待母兔发情后需要配种时，将母兔放入公兔笼内进行配种，交配后将母兔放回原处。优点是：有利于有计划地进行配种，避免混配和乱配，以便保持和生产品质优良的兔群；有利于控制选种选配，避免近亲繁殖，以便保持品种和品种间的优良性状，不断提高家兔的繁殖力；有利于保持种公兔的性活动机能与合理安排配种次数，延长种兔使用年限，不断提高家兔的繁殖力；有利于保持兔体健康，避免疾病的传播。缺点是：需要人力、物力。

1. 具体操作

（1）配种时间选择　在饲喂后公、母兔精神饱满的时候进行，效果较好。

（2）放入母兔交配　将母兔轻轻放到公兔笼内，若母兔正在发情，当公兔做交配动作时，即抬高臀部举尾迎合，之后公兔会发出"咕咕"尖叫声，倒向一侧，表示已完成交配，顺利射精。

（3）交配完成后特殊处理　交配完成后，迅速抬高母兔后躯片刻或在母兔臀部拍一掌，以使母兔子宫收缩，防止精液外流。

（4）配后观察　交配完成后，要查看外阴，若外阴湿润或残留有少许精液，表明交配成功，否则要再行交配。

（5）放回原笼　一切完成后，将母兔放回原笼，并将配种日期、使用公兔耳号等及时登记在母兔配种卡上。

2. 注意事项

① 患有疾病的公母兔不能配种。

② 公母兔之间血缘关系在 3 代以内不能交配。

③ 检查母兔发情状态，适时配种效果最好。

④ 提前准备好配种记录表格，详细做好配种记录。

（三）人工授精

人工授精是一项最经济、最科学的家兔繁育技术。优点是：能充分利用优秀公兔，加快遗传进展，短时间内提高兔群质量，迅速推广良种；减少公兔饲养量，降低公兔饲养成本；降低疾病（尤其是繁殖性疾病）的传播机会；提高母兔配种受胎率；克服某些繁殖障碍，如生殖道异常或公母兔体型差异过大所造成的不能正常配种等，从而利于繁殖力的提高；借助于人工授精，能很好地实现同期配种、同期分娩、同期出栏，有利于集约化生产的管理；不受时间和空间的限制即可获得优秀种公兔的冷冻精液。缺点是：需要有熟练掌握操作技术的人员；要有必要的设备投资，比如显微镜等；多次采用某些激素进行刺激排卵，会产生副作用，机体会形成抗体，导致母兔受胎率下降。

1. 公兔采精

（1）采精公兔选择　用于采精的公兔要符合的条件：① 后裔测定成绩优秀，且符合本场兔群的育种、改良计划。② 档案健全，系谱清晰，避免近亲繁育。③ 无特定遗传疾病或其他疾病。④ 严格选育，繁殖和生产性能高。

（2）采精器　常用的采精器主要是假阴道。假阴道可以自行制作，也可以在市场上购置。假阴道的构造与安装：① 假阴道的构造。假阴道由外壳、内胎和集精管等组成。其中，外壳一般用硬质塑料管、硬质橡胶管或自行车车把制成，外筒长 8～10 厘米，内径 3～4 厘米；内胎可用医用引流管代替，长度 14～16 厘米；集精管可用指形管、刻度离心管，也可用羊用集精杯代替。② 假阴道的安装和用前准备。在外壳上钻一个 0.7 厘米左右的孔，用于安装活塞（活塞选用合适型号的黏合胶固定）。内胎长度由假阴道长度而定。集精管可用小试管或者抗生素小玻璃瓶。将安装好的假阴道用 75% 酒精彻底消毒，等酒精挥发完以后，通过活塞注入少量 50～55℃ 的热水，并将其调整到 40℃ 左右。接着，在内胎的内壁上涂少量白凡士林或液体石蜡起润滑作用。最后，注入空气，调节压力，使假阴道内胎呈三角形或四角形，即可用来采精。

（3）采精具体操作　采精者用一只手固定母兔头部，另一只手持假阴道置于母兔后肢之间（图 4-2），待爬跨公兔射精后即把母兔放开，将假阴道竖直，放气减压，使精液流入集精管，然后取下集精管。

图 4-2　公兔采精

2. 精液品质检查

（1）检查时间　采精后立即进行精液品质检查。

（2）检查目的　一是判断所采精液能否用来输精，二是确定精液稀释倍数。

（3）检查方法、项目与结果判断　分眼观或鼻闻检查和借助仪器（显微镜和光电比色计或精密试纸等）检查两种。检查方法、项目及结果判断详见表4-2和图4-3。

表4-2　精液品质鉴定项目、方法及结果判断

项目	方法	正常	合格精液	不合格精液
颜色	眼观	乳白色、浑浊、不透明	云雾状翻动表示活力强	精液色黄可能混有尿液，色红可能混有血液
气味	鼻闻	有腥味	有腥味	有臭味
pH值	光电比色计或精密试纸	接近中性	pH值为7.5~8.0	pH值过大，表示公兔生殖道可能患有某种疾病，其精液不能使用
精子活力	显微镜下观察、计数	精子活力越高表明精液品质越好	精子活力≥0.6	精子活力<0.6
精子密度	显微镜下观察、测定	正常公兔精液每毫升含精子2亿~3亿	中密度以上	低密度
精子形态	显微镜下观察	正常精子具有圆形或椭圆形头部和一个细长的尾部	正常精子比例高于80%	畸形精子比例高于20%
射精量	刻度吸管	正常公兔一次射精量为0.5~2.5毫升		

（4）精子活力及其测定　精子活力是评定精液品质好坏的重要指标，是指呈直线运动的精子占所有精子总量的百分比。精子活力测定是借助显微镜，观察视野里呈直线运动精子和精子总数，计算而来。经验丰富者，在生产实践中，多通过经验判断，确定活力。精子活力越高，表明精液品质越好。

（5）精子密度及其测定　精子密度也称精液浓度，是评定精液品质好坏的重要指标。指单位体积（一般多用每毫升）精液中所含

精子数量。一般情况下，正常公兔精液每毫升含精子2亿~3亿。准确的精子密度测定是计数法，是要取一定体积的精液，稀释后进行精子计数，最后计算出每毫升的精子数量。实际生产中，多采用估测法，即通常通过显微镜的大致观察，分为"高"、"中"、"低"3个密度标准（图4-3）。"高"密度：显微镜视野几乎被精子所占有，精子之间看不到有明显的间隙；"中"密度：显微镜视野里能看到精子之间有1~2个精子大小的间隙；"低"密度：显微镜视野里能看到明显的间隙，视野被大量的空隙所占据。精子密度越大，说明精液浓度越高，精液品质越好。活力高、密度大的精液，显微镜视野中能看到波浪式、旋涡状运动。精子密度低于中级的，一般不作为人工授精输精用。

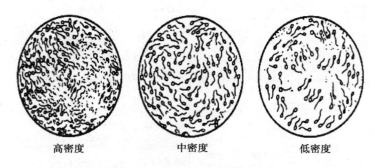

高密度　　　　　中密度　　　　　低密度

图4-3　显微镜下精子密度估测

（6）精子畸形率检查　正常形态的精子是具有圆形或卵圆形的头部和一个细长的尾部，畸形精子是指非正常形态的精子，常见的畸形精子有双头双尾、双头单尾、单头双尾、大头小尾、有头无尾、尾部弯曲等。畸形率是指畸形精子占总精子数的百分比。畸形率高于20%时，便属于不合格精液。

3. 精液稀释

（1）稀释目的　扩大精液量；延长精液保存时间；中和副性腺分泌物的有害成分，减少其对精子的有害作用；缓冲精液pH值。

（2）稀释倍数　精液的稀释倍数要根据精子密度、精子活力等因素而定，一般稀释倍数为1：（5~10）。

（3）稀释液种类及配制 用于家兔精液的稀释液种类较多，常用稀释液及其配制方法详见表4－3。

表4－3 家兔常用精液稀释液及其配制方法

稀释液种类	配制方法
0.9%生理盐水	直接使用注射用生理盐水
5%葡萄糖稀释液	无水葡萄糖5.0克，加蒸馏水至100毫升，或直接使用5%葡萄糖液
11%蔗糖稀释液	蔗糖11克，加蒸馏水至100毫升
柠檬酸钠葡萄糖稀释液	柠檬酸钠0.38克，无水葡萄糖4.45克，卵黄1~3毫升，青霉素、链霉素各10万国际单位，加蒸馏水至100毫升
蔗糖卵黄稀释液	蔗糖11克，卵黄1~3毫升，青霉素、链霉素各10万国际单位，加蒸馏水至100毫升
葡萄糖卵黄稀释液	无水葡萄糖7.5克，卵黄1~3毫升，青霉素、链霉素各10万国际单位，加蒸馏水至100毫升
蔗乳糖稀释液	蔗糖、乳糖各5克，加蒸馏水至100毫升

（4）配制稀释液注意事项 ① 所用器具、器皿清洁、干燥，事先消毒；② 蒸馏水、鸡蛋新鲜；③ 所用药品可靠，称量准确；④ 将药品溶解后过滤，再隔热煮沸15~20分钟进行消毒，冷却到室温后加入卵黄和抗生素；⑤ 稀释液最好现用现配，即使是3~5℃冷藏，保存时间也以1~2天为限。

（5）精液稀释操作 稀释液和精液应在等温、等渗和等pH值的状态下进行。首先，根据精液量和稀释倍数，称量好稀释液。将称量好的稀释液缓慢地沿容器壁导入盛有精液的容器中（这步操作不可反向），否则会影响精子存活。如果是高倍（5倍以上）稀释，最好分两次稀释，以免因环境突变而影响精子存活。

4. 母兔输精

（1）母兔发情鉴定 为保证人工授精的受胎率，输精前需要对母兔进行发情鉴定。主要是通过母兔的行为表现、精神状况及外阴部变化来判断。发情母兔外阴红肿、湿润，活跃不安，食欲下降。

（2）输精量　采用鲜精输精时，每只母兔的输精量为0.5～1.0毫升，一次输入的活精子数以1 000万～1 500万个为宜。采用冷冻精液输精时，每只母兔输精量为0.3～0.5毫升，一次输入有效精子数以600万～900万个为宜。

（3）输精次数　一般情况下只需输精1次，有条件的输精2次效果会更好。

（4）输精具体操作　母兔输精操作一般需要两人来进行，其中一人保定母兔头部，另一人左手提起兔尾，右手持握输精器，并把输精器弯头向母兔背部方向插入阴道6～8厘米，越过尿道口，然后慢慢将精液注入近子宫颈处，使精液自行流入子宫开口内（图4－4）。

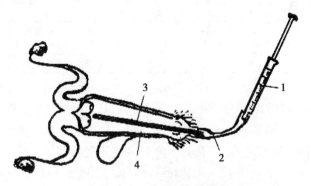

图4－4　输精管连接及输精部位
1—注射器；2—连接管；3—输精管；4—母兔阴道

（5）注意事项　①严格消毒。输精管在吸取精液前先用35～38℃的消毒液或稀释液冲洗2～3次，再吸入定量的精液输精。母兔外阴部用经0.9%盐水浸湿的纱布或棉花擦拭干净。输精器械清洗干净，并用烘箱烘干或置于通风干燥处晾干备用。②输精部位要准确。输精时必须将精液输到子宫颈处，才能保证好的输精效果。插入太深，易造成单侧受孕，影响产仔数。切勿将输精管插到尿道内。

5. 母兔的排卵刺激

家兔属于刺激性排卵动物。即使母兔卵巢中的卵泡成熟，不经过排卵刺激卵泡不会自然破裂排出卵子。因此，给母兔输精的同时，必须进行排卵刺激处理。常用的排卵刺激处理方法如下。

（1）交配刺激　采用不孕或已经结扎了输精管的公兔与母兔进行交配，刺激排卵。该方法只适用于小群人工授精。

（2）激素或化合物刺激　注射激素或化合物，刺激排卵。该方法适用于集约化大规模兔群的人工授精。常用的促排卵激素、化合物及其注射剂量、注射方法和注意事项见表4-4。

表4-4　排卵刺激常用激素、化合物及其注射剂量和注意事项

激素或化合物名称	剂量	注射途径	注意事项
人绒毛膜促性腺激素（HC）	20 国际单位/千克体重	静脉	连续使用会产生抗体，4~5次后母兔受胎率下降明显
促黄体素（LH）	0.5~1.0 毫克/千克体重	静脉	
促性腺激素释放激素（GnRH）	20~40 微克/只	肌肉	不产生抗体
促排卵素3号（LRH-A3）	0.5 微克/只	肌肉	输精前或输精后注射
促黄体素释放激素（LH-RH），商品名：促排卵素（LRH）	5~10 微克/只（体重3~5千克）	静脉	不产生抗体
瑞塞托（Recepta，德国）	0.2 毫升/只	肌肉、静脉或皮下	不产生抗体
葡萄糖铜＋硫酸铜	1 毫克/千克体重	静脉	注射后 10~12 小时排卵效果良好

第三节　提高种兔繁殖力的综合技术措施

一、多怀技术措施

1. 加强选种

家兔留种原则是：父强母优。留种作为种用的公兔，要选择性欲强，生殖器发育良好，睾丸大而匀称，精液浓度及精子活力高，

七八成膘情的青壮年公兔。及时淘汰种公兔群中隐睾、单侧睾丸、生殖器官发育不全及患有疾病治疗无明显效果的个体。留作种用母兔的选择：从生产性能优良母兔的 3 ~ 5 胎中，选择外阴端正、乳房在 4 对以上的个体留种用。

2. 加强母兔配前及配种期的饲养管理

母兔配种时达七八成膘情为宜，所以，配种前母兔的体况控制至关重要。

过瘦母兔，宜适当增加饲喂量，必要时可以采取近似自由采食的方式。有青绿饲草季节，加喂青绿饲料，冬季加喂多汁饲料，以促进膘情恢复。以粗饲料为主的兔群，可在配种前后的几个关键阶段进行适当补饲，每天补饲 50 ~ 100 克精饲料。关键阶段包括：配种前 1 周（确保排出最多数量准备受精的卵子）、配种后 1 周（减少胚胎早期死亡）、妊娠末期和分娩后 3 周（确保母兔泌乳量，保证幼仔兔最佳生长发育）。

母兔和公兔过肥，将严重影响兔群繁殖水平，必须减膘，限制饲喂是减膘最有效的方法。可以通过减少饲喂量或减少饲喂次数或限制饮水，达到限饲的目的（每天只允许家兔接近饮水 10 分钟，成年兔颗粒料采食量可降低 25%，高温情况下的限饲效果尤为明显）。

对非器质性疾病不发情的母兔，可以通过异性诱导发情，也可以通过注射激素人工催情，还可以使用催情散（催情散配方：淫羊藿 19.5%，阳起石 19%，当归 12.5%，香附 15%，益母草 19%，菟丝子 15%）进行催情（每只每日 10 克拌入料中，连续饲喂 7 天）。

3. 适时配种

母兔外阴部呈大红或淡紫红色并且充血肿胀时配种，人工输精的最适时机在排卵刺激后 2 ~ 8 小时为宜。

4. 合理配种

首先，要有科学而周密的兔群繁殖计划，尤其是规模化养兔场，以保证种兔群的充分有效利用，又可尽量避免优良种公兔使用不均造成的过度使用问题；其次，要建立规范的种兔档案，以利于种兔配种计划的制订和实施，避免近亲交配。

5. 双重交配和重复交配

双重交配和重复交配，是提高母兔受胎率和产仔数的重要技术措施。双重交配，是指同一只母兔连续使用两只公兔进行交配，两只公兔交配的间隔时间为 20～30 分钟。重复交配，是指同一只母兔使用同一只公兔进行交配，两次交配间隔时间为 6～8 小时。生产实践中，根据自己兔群的具体情况选择双重交配或重复交配。

6. 及时进行妊娠检查，减少空怀

配种后及时进行妊娠检查，对未怀兔及时再行配种，尽量减少空怀母兔数量。

7. 科学控光控温，缩短母兔"夏季不孕期"

每天补充强度为 20 勒克斯的光照至少 16 小时，能有效促进母兔发情。夏季高温季节采取各种措施降温，避免和缩短母兔的夏季不孕期。

二、多产技术措施

1. 提高兔群的适龄母兔比例

保持兔群中适龄母兔比例，减少老龄母兔比例，是保证兔群高繁殖力的有效措施之一。为此，每年必须选留培育充足的后备兔作为补充。兔群中适宜的母兔年龄结构为：壮年兔占 50%，青年兔占 30%。

2. 频密繁殖和半频密繁殖

频密繁殖即常说的"血配"，是在母兔产后 1～2 天内配种；半频密繁殖，是在母兔产后 12～15 天配种。频密繁殖和半频密繁殖能提高优良母兔的年产仔窝数，但缩短母兔利用年限，必须及时更新繁殖母兔群。另外，频密繁殖或半频密繁殖要求饲料营养水平及饲养管理水平较高，且不能连续进行。所以，生产实践中，要根据自身情况来选择。

3. 杜绝近亲交配

近亲交配，不仅会降低家兔的机体体质，影响健康和正常的生长发育，且能大大影响兔群的繁殖能力。所以，必须建立健全种兔档案，做好配种记录和选种选配、配种繁殖计划，避免甚至杜绝近亲交配。

4. 保证饲料饲草质量

饲喂霉烂及冰冻饲料会引起胎儿死亡及母兔流产，影响家兔的繁殖力。所以，必须保证家兔饲草饲料质量。

5. 防止管理粗暴和严重惊吓

妊娠母兔的饲养管理须精细、精心，抓兔时动作要轻，粗暴的管理和严重的惊扰都可能造成母兔流产。

6. 孕期要小心用药

妊娠母兔长期使用药物会造成胎儿死亡，严重的会造成母兔流产。所以，对妊娠母兔用药要小心谨慎。

7. 严格淘汰、定期更新

种兔应定期进行繁殖成绩和健康检查，及时淘汰产仔数少、老龄、屡配不孕、有食仔癖、患有严重乳房炎及子宫积脓的母兔，同时及时给兔群补充青年种兔。

三、多活技术措施

"多活"是保证母兔"多产"的重要内容之一，"多活"可以从两个方面采取措施，一方面就是针对母兔的"保产"，另一方面是针对仔兔的"保仔"。保产技术措施都应该是围绕保护母兔生产正常仔兔来进行。保仔技术措施都是围绕保证仔兔成活率来进行。

第五章 肉兔标准化规模生产的饲料利用技术

根据家兔各生理阶段的营养需要，选择适宜的饲料原料，配制加工成营养均衡的饲料，来满足家兔维持、生长、繁殖和生产所需的营养物质，是保证兔群健康及养兔生产获得效益的基础。为此，了解家兔的营养需要、常用饲料原料的营养特性，掌握家兔配合饲料的配制技术及加工工艺十分重要。

第一节 家兔的消化特性和摄食行为

一、家兔消化系统的解剖特点

（一）特殊的口腔结构

家兔上唇正中央有一纵裂，形成豁唇，使门齿易于露出从而便于采食地面的短草和啃咬树皮等。兔的门齿发达，上颌为双门齿，为切断饲草之用，具有不磨损和生长的特性，所以有啃食性，喜食较硬的饲料和啃咬竹木结构兔笼设备的习性。

（二）发达的胃肠

家兔的胃是单室胃，容积较大，约为消化道总容积的36%，可容纳采食的糊状饲草料60～80克。家兔的肠道发达，尤以盲肠为最，其长度与体长相近，其容积约占消化道总容积的42%。盲肠中有25个螺旋状皱褶的螺旋瓣，有大量的微生物，类似于牛羊的瘤胃起发酵作用。盲肠对食物尤其是对粗纤维的消化起重要作用。

（三）特有的淋巴球囊

在回肠与盲肠相接处的膨大部位有一厚壁圆囊，称之为淋巴球囊。盲肠中存在大量微生物，发酵粗纤维，将其分解为挥发性脂肪酸，而淋巴球囊则能分泌碱性液体，中和盲肠中因微生物发酵而产生的过量有机酸，维持盲肠中适宜的酸碱度，创造微生物适宜的生存环境，保证盲肠对粗纤维的正常消化功能。

二、家兔对饲料的消化利用特点

（一）粗纤维的消化与利用

兔对粗纤维的消化主要在盲肠中进行，消化率低于反刍动物。据测定，兔对粗纤维的消化率为14%，而牛、马、猪分别为44%、41%、22%。粗纤维对家兔必不可少，粗纤维有助于形成硬粪，并在正常消化运转过程中起物理消化作用。当饲料中粗纤维低于5%时，引起兔消化紊乱，采食量下降，腹泻。如果粗纤维含量过高时，日粮所有营养成分的消化率都下降。家兔日粮中粗纤维的适宜含量为10%~14%，因生理阶段的不同略有不同。

（二）淀粉的消化与利用

家兔盲肠内淀粉酶的活性较高，因而其中利用日粮中淀粉、糖产生能量的能力较强。但若喂给富含淀粉的日粮，小肠难以完全消化，因此高淀粉日粮往往会引起家兔拉稀。

（三）蛋白质的消化与利用

家兔盲肠和其中的微生物都会产生蛋白酶，能有效降解饲草中的蛋白质，甚至对低质饲草中的蛋白质也有较强的利用能力。

（四）家兔对日粮钙和磷及其比例的要求

家兔对日粮中的钙和磷及其比例要求不严，一般为1%左右。当日粮中钙含量 4.5%，钙磷比例 12：1，也不降低其生长率，骨骼灰分正常。家兔日粮磷含量不能高（1% 以内），否则影响适口性，兔拒绝采食。

三、家兔的食性及摄食行为

（一）哺乳和吸吮行为

12 日龄以内的仔兔除吃乳外，几乎都在睡觉。15 日龄以内一般每天哺乳两次。

（二）草食性

家兔是草食性动物，能采食各种饲草、野菜、树叶等；不喜欢食鱼粉等动物性饲料，日粮中动物性饲料一般不宜超过 5%，否则将影响兔的食欲。

（三）食粪习性

家兔有吃自己排出的软粪的习性。据观察，兔的食粪行为并不完全发生于夜间，白天也食粪，两者并无明显差别。软粪是盲肠深部的内容物，一排出肛门即被兔吃掉，兔不吃落到地板上的软粪。软粪中富含蛋白质及 B 族维生素。家兔通过食软粪，重复利用各种养分，重新合成优质蛋白，从而提高了对营养物质的消化率。

（四）采食和饮水行为

家兔食草时，会将草一根根从草架拉出，先吃叶，后吃茎和根部。所剩部分连同拖出的草往往落到承粪板上造成浪费。家兔有扒槽的习性，常用前肢将饲料扒出草架或食槽，有的甚至将食槽掀翻。家兔喜食甜味饲料和多叶鲜嫩青饲料，喜食颗粒饲料而不喜欢吃粉料。家兔是夜行性动物，夜间饮水量约为全天的 70%。通常在采食干饲料后饮水。

第二节　肉兔常用饲料原料及其营养利用特点

　　饲料是肉兔养殖生产的基础，饲料成本约占养兔成本的70%以上。良好的饲料供给是获得养兔生产效果和养兔经济效益的重要保证，优良的原料又是家兔饲料质量的保证。

一、常用粗饲料利用特点

　　粗饲料原料是指干物质中粗纤维含量在18%以上的饲料原料。粗饲料原料的特点是：体积大，比重轻，难消化粗纤维含量高，可利用成分少。但因家兔消化生理特点所决定，粗饲料是其配合饲料中不可缺少的原料。

　　粗饲料原料包括：青干草、作物秸秆、作物秧、作物藤蔓、作物荚壳（秕壳）、糠皮类等，这些粗饲料原料都具有自己特有的营养特性和利用特点。

（一）青干草

　　青干草是指天然草场或人工栽培牧草适时刈割，再经干燥处理后的饲草。晒制良好的青干草，颜色青绿，味芳香，质地柔软，适口性好。叶片不脱落，保持了绝大部分营养素。适时刈割晒制的青干草，营养丰富，是家兔的优质粗饲料。青干草主要包括两大类，即：豆科青干草和禾本科青干草，也有极少数其他科青干草。

1. 豆科青干草

　　豆科牧草由豆科饲用植物组成的牧草类群，又称豆科草类。大多为草本，少数为半灌木、灌木或藤木。豆科牧草主要有苜蓿、三叶草、草木樨、红豆草、紫云英等属，其中紫花苜蓿和白三叶草是优良的牧草。豆科青干草是指豆科牧草干燥后的饲草，其营养特点是：粗蛋白含量高且质量好，粗纤维含量较低，钙及维生素含量丰富，饲用价值高，所含蛋白可以取代家兔配合饲料中豆饼（粕）等的蛋白而降低饲料成本。

目前，豆科草以人工栽培为主，如我国各地普遍栽培的苜蓿、红豆草等。豆科牧草最佳刈割时期为现蕾至初花阶段。国外栽培的豆科牧草以苜蓿、三叶草为主，法国、德国、西班牙、荷兰等养兔先进国家的家兔配合饲料中，苜蓿和三叶草的比例可占到45% ~ 50%，有的甚至高达90%。

2. 禾本科青干草

禾本科青干草来源广泛，数量大，适口性较好，易干燥，不落叶。与豆科青干草相比较，粗蛋白、钙含量低，胡萝卜素等维生素含量高。

目前，禾本科草以天然草场为主，其最佳收割时期为孕穗至抽穗阶段。此时，粗纤维含量低，质地柔软；粗蛋白和胡萝卜素含量高；产量高。禾本科青干草在兔配合饲料中可占到30% ~ 45%。

（二）作物秸秆

作物秸秆是农作物收获籽实后的副产品。如玉米秸、玉米芯、稻草、谷草、各种麦秸、豆类和花生秸秆等。这类粗饲料粗纤维含量高达30% ~ 50%，其中的木质素比例大，一般为6% ~ 12%，所以适口性差、消化率低、能量价值低；蛋白质含量只有2% ~ 8%，品质较差，缺乏必需氨基酸（豆科作物较禾本科作物的秸秆要好些）；粗灰分含量高，如稻草高达17%，其中大部分为硅酸盐，钙、磷含量低，比例也不适宜；除维生素 D 外，其他维生素都缺乏，尤其缺乏胡萝卜素。因此，作物秸秆的营养价值低，但因家兔饲料中需要有一定量的粗纤维，这类饲料原料作为家兔配合饲料的组成部分主要是补充粗纤维。

1. 玉米秸

玉米秸的营养价值因品种、生长时期、秸秆部位、晒制方法等不同而有所差异。一般来说，夏玉米秸比春玉米秸营养价值高，叶片较茎营养价值高，快速晒制较长时间风干的营养价值高。晒制良好的玉米秸秆呈青绿色，叶片多，外皮无霉变，水分含量低。玉米秸秆的营养价值略高于玉米芯，与玉米皮相近。

利用玉米秸作为家兔配合饲料中粗饲料原料时须注意以下几点。

（1）防发霉变质　玉米秸有坚硬的外皮，秸内水分不易蒸发，贮藏备用时必须保证玉米叶和茎都晒干，否则会发霉变质。

（2）加水制粒　玉米秸秆容重小，膨松，为保证制粒质量，可适当增加水分（以10%为宜），同时添加黏结剂（如0.7%～1.0%的膨润土），制出的颗粒要注意晾干水分降至8%～10%。

（3）适宜的比例　家兔配合饲料中的比例可占20%～40%。

2. 稻草

家兔重要的粗饲料原料。据测定，稻草含粗蛋白质5.4%，粗脂肪1.7%，粗纤维32.7%，粗灰分11.1%，钙0.28%，磷0.08。家兔配合饲料中的比例可占10%～30%，比例比较高的时候要注意钙的补充。

3. 麦秸

麦秸质量较差，其营养成分因品种、生长时期等的不同而有所差异。

麦类秸秆中，小麦秸的分布最广，产量最多，但其粗纤维含量高，并含有较多难以被利用的硅酸盐和蜡质，长期饲喂容易“上火”和便秘，影响生产性能。麦类秸秆中，大麦秸、燕麦秸和荞麦秸的营养较小麦秸高，且适口性好。家兔配合饲料中的比例以5%左右为宜，一般不超过10%。

4. 豆秸

豆秸在收割和晾晒过程中叶片大部分凋落，剩余部分以茎秆为主，所以维生素已被破坏，蛋白质含量减少，营养价值较低，但与禾本科作物秸秆相比，蛋白质较高。以茎秆为主的豆秸，多呈木质化，质地坚硬，适口性差。豆秸主要有大豆秸、豌豆秸、蚕豆秸和绿豆秸等。

在豆类产区，豆秸产量大、价格低，深受养兔者的欢迎。家兔配合饲料中豆秸可占35%左右，且生产性能不受影响。

5. 谷草

禾本科秸秆中较好的粗饲料。谷草中的营养物质含量较高：干物质 89.8%，粗蛋白质 3.8%，粗脂肪 1.6%，粗纤维 37.3%，无氮浸出物 41.4%，粗灰分 5.5%。谷草易贮藏，卫生，营养价值高，制粒效果好，是家兔优质秸秆类粗饲料。家兔配合饲料中谷草比例可占到 35% 左右，比例比较大的时候注意补充钙。

（三）作物秧及藤蔓

作物秧及作物藤蔓是一类优良的粗饲料原料，主要有：花生秧、甘薯蔓等。

1. 花生秧

一种优良的粗饲料原料，其营养价值接近豆科干草，干物质 90.0% 以上，其中粗蛋白质 4.6% ~ 5.0%，粗脂肪 1.2% ~ 1.3%，粗纤维 31.8% ~ 34.4%，无氮浸出物 48.1% ~ 52.0%，粗灰分 6.7% ~ 7.3%，钙 0.89% ~ 0.96%，磷 0.09% ~ 0.10%，并含有铜、铁、锰、锌、硒、钴等微量元素。花生秧应在霜降前收割，鲜花生秧水分高，收割后要注意晾晒，防止发霉。晒制良好的花生秧应是色绿、叶全、营养损失较小。家兔配合饲料中可加至 35%。

2. 甘薯蔓

甘薯又称红薯、白薯、地瓜、红苕等。甘薯蔓可作为家兔的青绿饲料，也可作为家兔的粗饲料。甘薯蔓中含胡萝卜素 3.5 ~ 23.2 毫克/千克。可作为家兔的青绿饲料鲜喂，也可晒制后作为粗饲料使用。因其鲜蔓中水分含量高，晒制过程中一定要勤翻，防止腐烂变质。晒制良好的甘薯蔓营养丰富，干物质占 90.0% 以上，其中粗蛋白质 6.1% ~ 6.7%，粗脂肪 4.1% ~ 4.5%，粗纤维 24.7% ~ 27.2%，无氮浸出物 48.0% ~ 52.9%，粗灰分 7.9% ~ 8.7%，钙 1.59% ~ 1.75%，磷 0.16% ~ 0.18%。家兔配合饲料中可加至 35% ~ 40%。

（四）作物荚（秕）壳

秕壳类粗饲料原料主要是指各种植物的籽实壳，其中含有不成熟的农作物籽实。秕壳类粗饲料原料的营养价值高于同种农作物秸秆（花生壳除外）。

豆类荚壳可占兔饲料的 10% ~20% ，花生壳的粗纤维含量虽然高达 60% ，但生产中以花生壳作为家兔的主要粗饲料原料占 30% ~40% ，对青年兔和空怀兔无不良影响，且兔群较少发生腹泻。但花生壳与花生饼（粕）一样极易感染霉菌，使用时应特别注意。

谷物类秕壳的营养价值比豆类荚壳低。其中，稻谷壳因其含有较多的硅酸盐，不仅会给制粒机械造成损害，也会引起兔的消化道溃疡，稻壳中有些成分还有促进饲料酸败的作用；高粱壳中含有单宁（鞣酸），适口性较差；小麦壳和大麦壳营养价值相对较高，但麦芒带刺，对家兔消化道有一定的刺激。因此，这些秕壳在家兔配合饲料中的比例不宜超过 8% 。

葵花籽壳在秕壳类粗饲料原料中营养价值较高，可添加10% ~15% 。

（五）其他类粗饲料原料

还有一些农作物的其他部分，也能做为家兔的粗饲料原料，比如玉米芯。

玉米芯含粗蛋白质 4.6% ，可消化能 1 674 千焦/千克，酸性洗涤纤维（ADF）49.6% ，纤维素 45.65% ，木质素 15.8% 。家兔配合饲料中可加入 10% ~15% 。玉米芯粉碎时要消耗较高的能源。

二、常用能量饲料原料

通常将粗纤维含量低于 18% 、粗蛋白含量低于 20% 的饲料原料称作能量饲料。能量饲料主要包括谷物籽实类、糠麸类及油脂类等。是家兔配合饲料中主要能量来源。其共同特点是：蛋白含量低且品质较差，某些氨基酸含量不足，特别是赖氨酸和蛋氨酸含量较少；矿物质含量磷多、钙少；B 族维生素和维生素 E 含量较多，但缺乏维生素 A 和维生素 D。

（一）谷物籽实类

谷物籽实类是兔的主要能量饲料原料，主要包括：玉米、高粱、小麦、大麦、燕麦等。

（二）糠麸类

糠麸类是粮食加工的副产品，资源比较丰富。主要有：小麦麸和次粉、米糠、小米糠、玉米糠、高粱糠等。

（三）油脂类

油脂是最好的能量饲料，包括植物油脂和动物油脂。特点是能值高。家兔日粮中添加适量的脂肪，不仅可以提高饲料能量水平，改善颗粒饲料质地和适口性，促进脂溶性维生素的吸收，提高饲料转化率和促进生长，同时能够增加皮毛的光泽度。但在我国养兔生产实践中，鲜有在饲料中添加脂肪，一方面，人们认为正常情况下家兔日粮结构中多以玉米作为能量饲料原料，其脂肪含量一般可以满足家兔需要；另一方面，饲料中添加的脂肪必须是食用脂肪，否则质量难以保证，所以价格较高，添加脂肪必将提高饲料成本。我国养兔生产实践中，无论是自配料，还是市场上的商品饲料，其能量水平均难以达到家兔的饲养标准，所以有必要在家兔饲料中添加适量油脂。

三、常用蛋白质饲料原料

通常将粗蛋白质含量在20%以上的饲料称为蛋白饲料，是家兔饲粮中蛋白质的主要来源。根据来源不同，蛋白饲料原料分为动物性蛋白饲料和单细胞蛋白饲料。

（一）植物性蛋白饲料

植物性蛋白饲料是家兔饲粮蛋白质的主要来源，包括豆类作物（主要有大豆、黑豆、绿豆、豌豆、蚕豆等）、油料作物籽实加工副产品［如花生饼（粕）、葵花籽饼（粕）、芝麻饼、菜籽饼（粕）、棉籽饼（粕）等］以及其他作物加工副产品［如玉米蛋白粉、玉米蛋白饲料、玉米酒精蛋白（DDGS）、喷浆蛋白（喷浆纤维）、玉米胚芽饼（粕）、麦芽根、小麦胚芽粉等]。

（二）动物性蛋白饲料

动物性蛋白饲料是指渔业、食品加工业或乳制品加工业的副产品。这类饲料蛋白质含量高（45%～85%）且品质好，氨基酸品种全、含量高、比例适宜；消化率高；粗纤维少；矿物质元素钙磷含量高且比例适宜；B族维生素（尤其是核黄素和维生素B_{12}）含量相当高，是优质蛋白质饲料原料。

常用的有鱼粉、蚕蛹粉与蚕蛹饼、血粉、羽毛粉、肉骨粉和肉粉、血浆蛋白粉等。

（三）单细胞蛋白饲料

单细胞蛋白是指单细胞或具有简单构造的多细胞生物的菌体蛋白，由此而形成的蛋白质较高的饲料称为单细胞蛋白（SCP）饲料，又称微生物蛋白饲料。主要有酵母类（如酿酒酵母、热带假丝酵母等）、细菌类（如假单胞菌、芽孢杆菌等）、霉菌类（如青霉、根霉、曲霉、白地霉等）和微型藻类（如小球藻、螺旋藻等）4类。

家兔饲粮中添加饲料酵母，可以促进盲肠微生物生长，减少胃肠道疾病，增进健康，改善饲料利用率，提高生产性能。但家兔饲粮中饲料酵母的用量不宜过高，否则会影响饲粮适口性，降低生产性能。用量以2%～5%为宜。

四、常用矿物质、微量元素补充饲料

家兔饲料中虽然含有一定量的矿物质元素，且因其采食饲料的多样性，在一定程度上可以互相补充而满足机体需要，但在舍饲条件下或对高产家兔来说，矿物质元素的需要量大大增加，常规饲料中的矿物质元素远远不能满足生产需要，必须另行添加。

常量矿物质元素补充饲料主要有食盐、钙（碳酸钙、石粉、石灰石、方解石、贝壳粉、蛋壳粉、硫酸钙等，其中以石粉和贝壳粉常见）、磷（如磷酸氢钙类和骨粉）。

目前，因微量元素添加量较少，单体微量元素长久贮存后容易出现结块等，因此除大型饲料生产企业和大型规模化养殖场采购单体微量元素外，大部分使用市场上销售的"复合微量元素"添加剂产品。其产品有通用的（各种家畜通用），也有专用型，后者更具针对性，效果更好，一般建议用家兔专用产品。规模化养兔场也可以委托微量元素添加剂企业代加工，质量会更稳定，效果会更好。

自然界中的一些物质中含有丰富的天然矿物质元素，这些物质包括稀土、沸石、麦饭石、海泡石、凹凸棒石、蛭石等。

五、饲料添加剂及其营养和利用特点

饲料添加剂是指在饲料加工、制作、使用过程中添加的少量或微量物质。饲料中使用添加剂的目的在于，完善饲料中营养成分的不足或改善饲料品质，提高饲料利用率，抑制有害物质，防止畜禽疾病及增进动物健康，从而达到改善动物生产性能和畜产品品质、保障畜产品安全、节约饲料及增加养殖经济效益的目的。饲料添加剂的种类繁多，用途各异，目前，国内大多按作用分为营养性饲料添加剂和非营养性饲料添加剂。添加剂是现代配合饲料不可缺少的组成部分，也是现代集约化养殖不可缺少的内容。

（一）营养性饲料添加剂

营养性添加剂主要是用来补充天然饲料营养（维生素、微量元素、氨基酸等）成分的不足，平衡和完善日粮组分，提高饲料利用率，最终改善生产性能，提高产品数量和质量，节省饲料和降低成本。营养性饲料添加剂是最常用而且最重要的一类添加剂。

（二）非营养性饲料添加剂

非营养性饲料添加剂是添加到饲料中的非营养物质，种类多，起的作用是提高饲料利用率、促进动物生长和改善畜产品质量。种类包括：生长促进剂、驱虫保健剂、饲料品质改良剂、饲料保存改善剂和中药添加剂等。

中草药的成分和作用比较复杂，特异性差，绝大多数中草药兼有营养性和非营养性两方面的作用，很难加以区分。中草药添加剂被真正深入研究推广是在 20 世纪 80 年代，目前，已有近 300 种中草药用作饲料添加剂。这里按所用中草药种类的多少分为单方和复方来汇总一些家兔用的中草药添加剂及其使用效果。

1. 单方中草药添加剂

（1）大蒜 每只兔日喂 2 ~ 3 瓣大蒜，可防治兔球虫、蛲虫、感冒及腹泻。饲料中添加 10% 的大蒜粉，不仅可提高日增重，还可以预防多种疾病。

（2）黄芪粉 每只兔日喂 1 ~ 2 克黄芪粉，可提高日增重，增强抗病力。

（3）陈皮 肉兔饲料中添加 5% 的橘皮粉可提高日增重，改善饲料利用率。

（4）石膏粉 每只兔日喂 0.5% 石膏粉，产毛量提高 19.5%，也可治疗兔食毛症。

（5）蚯蚓 含有多种氨基酸，饲喂家兔有增重、提高产毛、提高母兔泌乳等作用。

（6）青蒿 青蒿 1 千克，切碎，清水浸泡 24 小时，置蒸馏锅中蒸馏取液 1 升，再将蒸馏液重新蒸馏取液 250 毫升，按 1% 比例拌料喂服，连服 5 天，可治疗兔球虫病。

（7）松针粉 每天给兔添加 20 ~ 50 克，可使肉兔体重增加 12%，毛兔产毛量提高 16.5%，产仔率提高 10.9%，仔兔成活率提高 7%，獭兔毛皮品质提高。

（8）艾叶粉 用艾叶粉取代基础日粮中 1.5% 的小麦麸，日增重提高 18%。

（9）党参 美国学者报道，党参的提取物可促进兔的生长，使体重增加 23%。

（10）沙棘果渣 据报道，饲料中添加 10% ~ 60% 的沙棘果渣喂兔，能使适繁母兔怀胎率提高 8% ~ 11.3%，产仔率提高 10% ~

15.1%，畸形、死胎减少 13.6% ~ 17.4%，仔兔成活率提高 19.8% ~24.5%，仔兔初生重提高 4.7% ~5.6%，幼兔日增重提高 11% ~19.2%，青年母兔日增重提高 20.5% ~34.8%，还能提高母兔泌乳量，降低发病率，使毛色发亮。

2. 复方中草药添加剂

（1）催长散　山楂、神曲、厚朴、肉苁蓉、槟榔、苍术各 100 克，麦芽 200 克，淫羊藿 80 克，川军 60 克，陈皮、甘草各 20 克，蚯蚓、蔗糖各 1 000 克，每隔 3 天添加 0.6 克，新西兰白、加利福尼亚、青紫蓝兔增重率分别提高 30.7%、12.3% 和 36.2%。

（2）催肥散　麦芽 50 份，鸡内金 20 份，赤小豆 20 份，芒硝 10 份，共研细末，每只兔日喂 5 克，添加 2.5 个月，比对照组多增重 500 克。

（3）增重散　方 1：黄芪 60%，五味子 20%，甘草 20%，每只兔日喂 5 克，肉兔日增重提高 31.41%；方 2：苍术、陈皮、白头翁、马齿苋各 30 克，元芪、大青叶、车前草各 20 克，五味子、甘草各 10 克，共研细末，每日每只兔 3 克，提高增重率 19%；方 3：山楂、麦芽各 20 克，鸡内金、陈皮、苍术、石膏、板蓝根各 10 克，大蒜、生姜各 5 克，以 1% 添加，日增重提高 17.4%。

（4）催情散　方 1：党参、黄芪、白术各 30 克，肉苁蓉、阳起石、巴戟天、狗脊各 40 克，当归、淫羊藿、甘草各 20 克，粉碎后混合，每日每只兔 4 克，连喂 1 周，对无发情表现母兔，催情率 58%，受胎率显著提高，对性欲低下的公兔，催情率达 75%；方 2：淫羊藿 19.5%，当归 12.5%，香附 15%，益母草 34%，每日每只兔 10 克，连喂 7 天，有较好的催情效果。

六、青绿多汁饲料

一般指天然水分含量高于 60% 的饲料，凡是家兔可食的绿色植物都属此类。这类饲料来源广、种类多，主要包括牧草类、青刈作物类、蔬菜类、树叶类、块根块茎类等。

青绿多汁饲料具有较好的适口性和润便作用，与干、粗饲料适当搭配有利于排泄粪便。一般含水 70% ~95% ，柔软多汁，适口性好，消化率高，具有轻泻作用，能值低。一般含粗蛋白质 0.8% ~6.7% ，按干物质计为 10% ~25% 。含有多种必需氨基酸，如苜蓿所含的 10 种必需氨基酸比谷物类饲料多，其中，赖氨酸含量比玉米高出 1 倍以上。粗蛋白质的消化率大于 70% ，而小麦秸仅为 8% 。

青绿多汁饲料最突出的特点是维生素含量丰富且种类多，其他饲料无法比拟，如与玉米籽实相比，每千克青草胡萝卜素高 50 ~80 倍，维生素 B_2 高 3 倍，泛酸高近 1 倍。另外，还含有烟酸、维生素 C、维生素 E 及维生素 K 等，不含维生素 D。矿物质含量丰富，尤其是钙、磷含量多且比例合适。豆科牧草的含钙量高于其他科植物。

第三节　肉兔的营养需要与饲养标准

一、家兔的营养需要

营养需要是指保证肉兔健康和正常生产性能所需要的营养物质，包括能量、蛋白质、脂肪、维生素、矿物质元素、粗纤维和水分等。

（一）能量

肉兔的一切生命活动都需要能量。据试验，成年兔每千克饲料中需含消化能 8.79 ~9.2 兆焦，育成兔、妊娠母兔和泌乳期母兔需消化能 10.46 ~11.3 兆焦。能量的主要来源是饲料中的碳水化合物、脂肪和蛋白质。肉兔对大麦、小麦、燕麦、玉米等谷物饲料中的碳水化合物具有较高的消化率，对豆科饲料中的粗脂肪消化率可达 83.6 % ~90.7% 。

实践证明，如果日粮中能量不足，就会影响生长速度，明显下降产肉性能。但是，日粮中能量水平偏高，也会因大量易消化的碳水化合物由小肠进入大肠，出现异常发酵而引起消化道疾病；同时，因体脂沉积过多，对繁殖母兔来说会影响雌性激素的释放和吸收，从而损害繁殖机能，对公兔来说则会造成性欲减退、配种困难和精子活力下降等。因此，控制能量供应水平对养好肉兔极为重要。

（二）蛋白质

蛋白质是一切生命活动的基础，也是兔体的重要组成成分。据试验，生长兔、妊娠母兔和泌乳期母兔的日粮中，蛋白质的需要量分别以含粗蛋白质16%、15%和17%为宜。日粮中蛋白质水平过低，则会影响兔的健康和生产性能的发挥，表现为体重减轻，生长受阻，公兔性欲减退，精液品质降低；母兔发情不正常，不易受孕。相反，日粮中蛋白质水平过高，不仅造成饲料浪费，还会加重盲肠、结肠以及肝脏、肾脏的负担，引起腹泻、中毒，甚至死亡。

组成蛋白质的氨基酸种类及数量是肉兔营养中的重要问题。按肉兔的营养需要，必需氨基酸有精氨酸、赖氨酸、蛋氨酸、组氨酸、亮氨酸、异亮氨酸、苏氨酸、缬氨酸、甘氨酸、色氨酸和苯丙氨酸等。经试验证明，在日增重35~40克的育成兔日粮中，应含有精氨酸0.6%，赖氨酸0.65%，含硫氨基酸0.61%。赖氨酸和蛋氨酸是限制性氨基酸，其含量高则其他氨基酸的利用率也提高，在肉兔日粮中适当添加赖氨酸和蛋氨酸，也能提高蛋白质的利用率。

实践证明，多种饲料配合饲喂，可充分发挥氨基酸之间的互补作用，明显提高饲料蛋白质的利用率。棉籽饼中添加赖氨酸和蛋氨酸，菜籽饼中添加蛋氨酸是肉兔最好的蛋白质饲料。因此，在饲养实践中，必须重视多种饲料的合理搭配和日粮的加工调制。

（三）脂肪

脂肪是提供能量和沉积体脂的营养物质之一，也是构造兔体组织的重要组成成分。据试验，成年兔日粮中的脂肪含量应为2%~4%，妊娠和哺乳母兔日粮中应含4%~5%。日粮中脂肪含量不足，则会导致兔体消瘦和脂溶性维生素缺乏症，公兔副性腺退化，精子发育不良，母兔则受胎率下降，产仔数减少。相反，日粮中脂肪含量过高，则会影响饲料适口性，甚至出现腹泻、死亡等。

肉兔体内的脂肪主要是由饲料中的碳水化合物转变为脂肪酸后

合成。但脂肪酸中的 18 碳二烯酸（亚麻油酸）、18 碳三烯酸（次亚麻油酸）和 20 碳四烯酸（花生油酸）在兔体内不能合成，须由饲料供给，称为必需脂肪酸。必需脂肪酸在兔体内的作用极为复杂，缺乏时则会引起生长发育不良，公兔精细管退化，畸形精子数增加和母兔繁殖性能下降等现象。

（四）维生素

维生素是一类低分子有机化合物，肉兔体内含量甚微，大多数参与酶分子构成，发挥生物学活性物质作用，与肉兔的生长、繁殖、健康等关系较为重要的有维生素 A、维生素 D、维生素 E 和维生素 K。据试验，生长兔和种公兔每千克体重每日需维生素 A 8 微克，繁殖母兔需 14 微克，相当于每千克日粮中应含维生素 A 580 国际单位和 1 160 国际单位。成年新西兰白兔，每千克日粮含维生素 D 900 ~ 1 000 国际单位即可满足其需要。维生素 E 的最低推荐量为每天 0.32 毫克/千克体重，维生素 K 的推荐量为每千克日粮 2 毫克。

（五）矿物质元素

矿物质元素在兔体内的含量少，约占成年兔体重的 4.8%，但参与机体内的各种生命活动，在整个机体代谢过程中起重要作用，是保证肉兔健康、生长、繁殖所不可缺少的营养素。

钙和磷是肉兔体内含量最多的矿物质元素，是构成骨骼的主要成分，日粮中钙、磷不足，则会引起幼兔的佝偻病、成年兔的软骨病。钠和氯在机体酸碱平衡中起着重要作用，也是维持细胞体液渗透压的重要离子，如长期缺乏则会引起食欲减退，生长迟缓，饲料利用率下降。据试验，肉兔日粮中适宜的含钙量为 1% ~ 1.5%，磷 0.5% ~ 0.8%；日粮中食盐的添加量为 0.5% 左右；钾的适宜含量为 0.6% ~ 1%，镁 0.25% ~ 0.35%；每千克日粮中锌的添加量 50 毫克，铜 5 毫克，钴 1 毫克，硒 0.1 毫克。

（六）粗纤维

粗纤维是指植物性饲料中难消化的物质，它在维持肉兔正常消化机能、保持消化物稠度、形成硬粪及消化运转过程中起着重要作用。成年兔饲喂高能量、高蛋白质日粮往往事与愿违，不但不能产生加快生长，反而会导致消化道疾病，其主要原因是粗纤维供给量过少，因而使肠道蠕动减慢，延长食物通过消化道时间，造成结肠内压升高，从而引起消化紊乱，出现腹泻，死亡率增加。但日粮中粗纤维含量过高，也会引起肠道蠕动过速，日粮通过消化道速度加快，营养浓度降低，影响生产性能。

据试验，日粮中适宜的粗纤维含量为 12% ~ 14%。幼兔可适当低些，但不能低于 8%；成年兔可适当高些，但不能高于 20%。6 ~ 12 周龄的生长兔饲喂含粗纤维 8% ~ 10% 的日粮可获得最佳生产效果。如果粗纤维水平提高到 13% ~ 14%，则饲料转化率降低 12% ~ 15%。

（七）水

水是肉兔生命活动所必需的物质，体内营养物质的运输、消化、吸收和粪便的排泄都需要水分。此外，肉兔体温的调节和机体的新陈代谢活动都需要水的参与。在缺水情况下，常会引起食欲减退，消化机能紊乱，甚至死亡。

据试验，肉兔的需水量一般为采食干物质量的 1.5 ~ 2.5 倍，每日每只肉兔每千克体重的需水量为 100 ~ 120 毫升。当然，肉兔的饮水量还与季节、气温、年龄、生理状态、饲料类型等因素有关。炎热的夏季饮水量增加；青绿饲料供给充足，饮水量减少；幼兔生长发育快，饮水量相对比成年兔多，哺乳母兔饮水量更多。

二、肉兔的饲养标准

（一）饲养标准

饲养标准，也即营养需要量，是通过长期研究、试验，结合畜种、品种、生理状态、生产目的和生产水平等,科学地规定出应该供给的各种营养物质的数量和比例,这种按家畜不同情况规定的营养指标,便称为饲养标准。饲料标准中规定了能量、粗蛋白、氨基酸、粗纤维、粗灰分、矿物质、维生素等营养指标的需要量,通常以每千克饲粮的含量和百分比数表示。肉兔饲养标准是设计家兔饲料配方的重要依据。

(二) 使用饲养标准应注意的问题

1. 因地制宜,灵活运用

任何饲养标准所规定的营养指标及其需要量只是个参考,实际生产中要根据自身的具体情况(品种、管理水平、设施状态、生产水平、饲料原料资源等)灵活应用。

2. 实践检验,及时调整

应用饲养标准时,必须通过实践检验,利用实际运用效果及时进行适当调整。

3. 随时完善和充实

饲养标准本身并非永恒不变,需要随生产实践中不断检验、科学研究的深入和生产水平的提高进行不断修订、充实和完善。

(三) 家兔饲养标准

我国家兔营养需要研究工作起始于20世纪80年代,但至今尚未形成规范的家兔饲养标准。部分国内不同研究单位推荐的肉兔和獭兔营养需要标准或建议营养供给量,见表5-1和表5-2,仅供参考。

表5-1 南京农业大学等单位推荐的中国兔建议营养供给量

营养成分	生理阶段				
	生长兔		妊娠兔	哺乳兔	生长育肥兔
	3～12周龄	12周龄后			
消化能/(兆焦/千克)	12.12	10.4～11.29	10.45	10.8～11.29	12.12
粗蛋白质/%	18	16	15	18	16～18

（续表）

营养成分	生理阶段				
	生长兔		妊娠兔	哺乳兔	生长育肥兔
	3～12周龄	12周龄后			
粗纤维/%	8～10	10～14	10～14	10～12	8～10
粗脂肪/%	2～3	2～3	2～3	2～3	3～5
蛋＋胱氨酸/%	0.7	0.6～0.7	0.6～0.7	0.6～0.7	0.4～0.6
赖氨酸/%	0.9～1.0	0.7～0.9	0.7～0.9	0.8～1.0	1
精氨酸/%	0.8～0.9	0.6～0.8	0.6～0.8	0.6～0.8	0.6
钙/%	0.9～1.1	0.5～0.7	0.5～0.7	0.8～1.1	1
磷/%	0.5～0.7	0.3～0.5	0.3～0.5	0.5～0.8	0.5
食盐/%	0.5	0.5	0.5	0.5～0.7	0.5
铜/（毫克/千克）	15	15	15	10	20
锌/（毫克/千克）	70	40	40	40	40
铁/（毫克/千克）	100	50	50	100	100
锰/（毫克/千克）	15	10	10	10	15
镁/（毫克/千克）	300～400	300～400	300～400	300～400	300～400
碘/（毫克/千克）	0.2	0.2	0.2	0.2	0.2
维生素A（国际单位/千克）	6 000～10 000	6 000～10 000	8 000～10 000	8 000～10 000	8 000
维生素D（国际单位/千克）	1 000	1 000	1 000	1 000	1 000

（资料来源：杨正，现代养兔，1999年6月，中国农业出版社）

表5－2　中国农业科学院兰州畜牧研究所推荐的肉用兔饲养标准

营养成分	生理阶段			
	生长兔	妊娠母兔	哺乳母兔及仔兔	种公兔
消化能/（兆焦/千克）	10.46	10.46	11.30	10.04
粗蛋白质/%	15～16	15.00	18.00	18.00
蛋能比/（克/兆焦）	14～16	14	16	18
钙/%	0.5	0.8	1.1	－
磷/%	0.3	0.5	0.8	－
钾/%	0.8	0.9	0.9	－
钠/%	0.4	0.4	0.4	－
氯/%	0.4	0.4	0.4	－
含硫氨基酸/%	0.5	－	0.60	
赖氨酸/%	0.66	－	0.75	
精氨酸/%	0.90	－	0.80	
苏氨酸/%	0.55	－	0.70	
色氨酸/%	0.15	－	0.22	

（续表）

营养成分	生理阶段			
	生长兔	妊娠母兔	哺乳母兔及仔兔	种公兔
组氨酸/%	0.35	–	0.43	–
苯丙氨酸＋酪氨酸/%	1.20	–	1.40	–
缬氨酸/%	0.70	–	0.85	–
亮氨酸/%	1.05	–	1.25	–

第四节　肉兔配合饲料的设计

（一）配方设计原理

配方设计就是根据家兔营养需要特点，饲料营养成分及特性，选择适当的饲料原料，并确定适宜的比例和数量，为家兔提供营养全面而平衡、价格低廉的配合饲料。在保证家兔健康的前提下，使家兔充分发挥其生产性能，获得最大的养殖经济效益。

设计饲料配方时，首先要掌握家兔的营养需要和采食量（饲养标准）、饲料原料的营养成分及营养价值、饲料的非营养特性（适口性、毒性、抗营养性，制粒特性、来源渠道、市场价格）等，同时还应通过养兔生产实践的检验。

（二）配方设计的基本要求

设计配方不仅要满足动物的营养需要和采食特点，而且要适应本地区饲料原料资源情况，成本最优、效益最好。一个好的饲料配方应符合以下要求。

1. 营养丰富且平衡

好的饲料配方，其中的营养成分及含量要能充分满足家兔生产、生长需要；且各营养元素间搭配比例要合理，以免造成某种营养的浪费。

2. 便于采食且易于消化

设计配方时选用的原料及配置好的饲料，应符合饲喂对象采食和消化生理特点，适口性好，喜食，且消化率高。

3. 充分利用本地饲料资源

根据当地饲料资源情况设计配方，充分利用本地饲料原料资源，降低运输费用，降低饲料成本。

（三）配方设计的必需资料

1. 使用对象及营养需要量和饲养标准

不同生理阶段肉兔对营养物质的需要量不同。因此，在设计饲料配方时，首先要考虑使用对象，并了解其营养需要量（饲养标准），饲养标准是进行饲料配方设计的原则和依据。肉兔养殖企业可根据兔场的实际情况，尤其是兔的品种和生产水平，选择国内、外相关标准或配方作为参考。

2. 饲料原料种类、营养和价格

（1）原料种类和来源　进行配方设计时，要了解所能用原料的数量、种类和来源。一般情况下，充分利用本地饲料原料资源，一方面，因减少交通运输和采购费用等，另一方面，因本地原料生长环境、加工方式、质量相对稳定，从而保证所配制饲料质量也能相对稳定。

（2）原料的营养成分和营养价值表　是通过对各种原料进行化学分析，再经过计算、统计，并经过动物饲喂，在消化代谢的基础上进行营养评价后的结果。客观地反映了各种饲料原料的营养成分和营养价值，对合理利用饲料资源、提高生产效率、降低生产成本具有重要作用。原料的营养成分受品种、气候、贮藏等因素影响，计算时最好以实测值为好，不能实测时可参考营养成分表。

（3）生产加工及贮存过程饲料营养成分的变化　原料通过生产加工成配合饲料的过程中，营养成分有一定的影响，尤其是一些微量成分。如粉碎、制粒等加工过程对维生素、氨基酸均有影响；饲料在贮藏过程中，维生素成分也会受到较大损失。所以，设计配方时，应适当提高添加量。实际生产中设计配方时，一般将原料中所含维生素和微量元素作为保险量，而根据家兔的需要量足量加入相应的添加剂。青绿饲料充足时，其中的含量应适当予以考虑。

（4）饲料的品质和适口性　配制饲料时，不仅要满足家兔的营养需要，还应考虑品质和适口性。饲粮的适口性直接影响家兔的采食量和饲养效果。实践证明，家兔喜食植物性饲料，喜食有甜味和脂肪含量适当的饲料，不喜食鱼粉、肉骨粉、血粉等动物性饲料。

兔对霉菌毒素极为敏感，配制饲料时必须注重饲料原料品质，严格控制不使用发霉、变质原料配制饲粮，以免引起家兔中毒。

（5）原料价格　设计饲料配方时，必须考虑原料价格。同一地区不同来源的原料，价格差异也会比较大。所以在选择原料时，必须进行质量价格比的比较，在满足营养需求，符合使用条件、范围的基础上，选用质优、价廉、本地化、来源广的原料，这样才能配制出最优质量和价格比的配方，获得最佳效益。

3. 日粮类型、预期采食量和生产性能

（1）日粮类型　进行饲料配方设计前，应了解所设计的配方是粉状还是颗粒配合饲料。规模化肉兔养殖场建议选用颗粒配合饲料。

（2）预期采食量　进行饲料配方设计前，应考虑家兔的采食量，因为家兔每天的营养需要量只能由饲料来供给，而家兔的消化道容积有限，所以，饲料必须保证一定的营养浓度。营养浓度过低，即使家兔采食大量的饲料仍不能满足营养需要；如果营养浓度过高，又会造成家兔采食量过低而造成消化道过空，使家兔产生食欲、食入过多而造成饲料浪费。

（3）预期生长和生产效果　进行饲料配方设计时，还应考虑饲喂对象生产性能，因为家兔对饲料的需求除满足维持需要外，还应保证一定的生长速度，所以，配制饲料时要考虑饲料的消化利用率、家兔的正常采食和正常生长速度，以便配制出合理的饲料。

4. 掌握普通原料的大致比例

不同原料在饲粮中的比例，不仅取决于原料本身的营养成分和含量、营养及非营养特性，而且取决于各种配伍原料情况。根据肉兔养殖生产实践，常用原料的大致比例见表5-3。

表 5 - 3　家兔饲粮中一般原料用量的大致比例及注意事项

原料类型	常 用 种 类	大致比例	注意事项
粗饲料	干草、秸秆、树叶、糟粕、藤蔓类等	20%～50%	多种搭配使用
能量饲料	玉米、大麦、小麦等谷物籽实及小麦麸等糠麸类	25%～35%	玉米比例不宜过高
植物性蛋白饲料	豆粕、葵花粕、花生粕等	5%～20%	花生饼没霉变
动物性蛋白饲料	鱼粉、肉骨粉、血粉、羽毛粉等	<5%	不使用劣质及变质原料
钙、磷饲料	骨粉、磷酸氢钙、石粉、贝壳粉	1%～3%	骨粉没变质
添加剂	微量元素、维生素、药物添加剂等	0.5%～1.5%	严禁使用国家明令禁止的违禁药物
限制性饲料	棉籽饼、菜籽饼等有毒有害饼粕	<5%	种兔饲粮尽量不用棉籽粕

（四）配方设计的原则

1. 采用与饲养对象相适应的饲养标准

经济合理的饲料配方必须依据饲养标准规定的营养物质需要量设计，在选用与饲养对象相适应的饲养标准的基础上根据实际生产中家兔的生产性能进行适当调整，一般是按家兔的膘情、季节等条件变化对饲养标准进行上下 10% 的调整，具体还需要掌握以下原则。

（1）能量是饲料的基本指标　所有家兔饲养标准中，能量都是第一项指标，只有在满足了能量需要的基础上才能进一步考虑粗蛋白质、粗纤维、矿物质等其他营养指标，微量元素和维生素的不足通过使用添加剂来补充。

（2）营养物质之间的比例要合乎标准要求　如果营养物质之间的比例不合适，会造成营养不平衡而导致营养不良。

（3）控制饲料中粗纤维含量　家兔是单胃草食家畜，配制家兔配合饲料时，必须保证一定粗纤维含量的满足。不同品种、生理阶段兔对粗纤维的需要。

2. 选用适宜的饲料原料

营养成分和营养价值适合家兔需要。品质新鲜、无霉变、质地良好；有毒、有害成分不超标；含有毒有害物质及抗营养因子的原料要限量。来源尽量本地化，来源和质量稳定。饲料体积适合家兔的消化道容积，保证一定容积。低密度原料（干草、糠麸等）占配合饲料的30%~50%。饲料的适口性直接影响家兔的采食量，要选择适口性好、无异味的原料。

3. 注意成本控制

（1）尽量利用当地原料资源　充分利用本地饲料原料资源，降低运输费用和饲料成本。

（2）注意多种原料的搭配　各种原料营养特点不同，进行合理搭配，不仅可以降低成本，而且营养互补，可以使配制的饲料营养平衡，利用率高。

（五）配方设计的方法

饲料配方设计方法较多，是随着人们对饲料、营养知识的深入，对新技术的掌握而逐渐发展而来。最初采用的有简单、易理解的对角线法、试差法，后来发展为联立方程法、比加法等。近年来随着计算机技术的发展，人们开发了功能越来越完全、使用越来越简单、速度越来越快的计算机专用配方软件，使得配方越来越合理。其原理是根据线性规划，在规定多种条件的基础上，筛选出最低成本的饲粮配方，可以同时考虑几十种营养指标。特点是：运算速度快，精确度高。目前市场上有许多畜禽饲料配方软件供选择。各软件都有自己的特点和使用方法，在此不再一一叙述。

（六）肉兔各阶段饲料配方示例

1~3月龄肉兔仔幼兔配合饲料：草粉30%，玉米19%，小麦19%，豆饼13%，麦麸15%，鱼粉2%，肉粉1%，骨粉0.5%，食盐0.5%，添加剂1%（仔兔用添加剂）。

育肥用肉兔配合饲料：玉米20.3%，麦麸18%，豆饼18%，菜籽饼6%，草粉32%，蚕蛹3%，食盐0.5%，骨粉0.5%，碳酸钙0.7%，添加剂1%（育肥兔添加剂）。

第六章　肉兔标准化规模生产的饲养管理技术

=== **第一节　日常饲养管理技术** ===

一、家兔的生活习性

（一）打洞穴居

打洞穴居是家兔的本能行为。因此，泥土地面平养肉兔，应严加控制家兔打洞旧习，不让其有打洞的机会，避免造成不必要的损失。

（二）昼伏夜动

家兔在夜间的采食量和饮水量远多于白天。据测定，一般情况下兔在夜间的采食和饮水量占昼夜总量的70%左右。因此，在肉兔的饲养管理上，每天最后一次喂料时间宜迟些，数量多些，并备足饮水。白天为不妨碍兔的休息和睡觉，应尽量保持环境安静。

（三）喜干怕湿

保持环境的干燥及笼舍、饲料、饮水的清洁是养兔的基本要求。

（四）耐寒怕热

家兔汗腺不发达，对高温适应性较差，防暑比防寒更为重要。被毛浓密，具有较强的抗寒能力，在干燥、无风笼舍中能抗御-40℃的严寒。但在潮湿环境下，-5℃也能冻伤。在严寒地区应以防寒为主。对仔兔或幼兔则应注意保暖。

（五）温驯胆小

家兔性情温驯、胆小，对外界环境的变化敏感。因此，保持兔舍的环境安静，是养好家兔值得重视的问题。

（六）啃物啮齿

家兔有啃咬硬物的习性，通常称为啮齿行为。家兔的牙齿是双门齿型。因此，在肉兔养殖设施的建设和养殖设备的配置上必须考虑防啃咬。

（七）嗅灵视差

家兔的嗅觉灵敏但视觉差。因此，在仔兔的并窝或寄养时，必须采用混淆气味的方法使其辨认不清，方可获得并窝或寄养成功。在配种时将母兔捉至公兔笼中易获得成功。

（八）性喜独居

家兔性喜独居，不适宜集群放养。种兔（特别是公兔和妊娠、哺乳母兔）宜单独饲养。生长兔若要群养，断奶后应根据体型大小、强弱和性别不同分群饲养，且群不宜过大，每群 3～5 只或 7～8 只。对新分群的兔要防范相互咬伤，造成不必要的损失。

二、家兔的生长发育特点

家兔的生长发育大体分为胎儿期、哺乳期和断奶后 3 个阶段。

（一）胎儿期

从母兔怀孕到仔兔出生，为胎儿期。从妊娠第 19 天开始，胎儿体重大幅度增长。在饲养上，母兔妊娠后期要注意营养的供给，保证胎儿的正常生长发育。

（二）哺乳期

从初生到断奶，为哺乳期。仔兔在这个时期的生长发育快，但其生长发育主要取决于母乳，因此应按哺乳期营养需要供给母兔配合日粮。

（三）断奶后

幼兔的生长发育受遗传因素和饲养管理条件的影响较大。一般前期生长快，后期生长慢。另外，家兔换毛期体质下降，对外界环境适应能力差，消化能力也降低，也应加强饲养管理。应供给易消化、蛋白质含量高的饲料，尤其是含硫氨基酸丰富的饲料，以促进毛的生长。

不同品种性别的幼兔，生长速度有差异。大多数品种母兔的性成熟开始时生长速度比公兔快，8 月龄以前的增重差异不明显，但以后的增重差异就会明显地表现出来。

三、饲养方式选择

肉兔的饲养方式较多，但规模化肉兔养殖生产主要采用笼养。

四、日常饲喂技术

（一）日粮结构及调制原则

1. 粗料为主，精料为辅

家兔为草食动物，日粮结构以粗饲料为主，精饲料为辅。粗饲料的比例占全部日粮的 60%～70%，粗饲料的采食量占其体重的 15%～30%，青年兔和成年兔每天采食 500～1 000 克。根据家兔不同生产目的适当补充配合精料，其比例占全部日粮的 30%～40%，精料的采食量占其体重的 4%～6%，青年兔和成年兔每天采食 40～125 克。目前，规模化肉兔养殖生产多采用精粗料按比例配制的颗粒料。

2. 原料多样，合理搭配

肉兔生长快，繁殖力高，代谢旺盛，需要充足的营养。因此，家兔的日粮应由多种饲料组成，并根据饲料所含的养分，取长补短，合理搭配，这样既有利于生长发育，也有利于蛋白质的互补作用。在生产实践中，为了节省蛋白质的消耗，经常采用多种饲料配合，使饲料之间的必需氨基酸互相补充，切忌饲喂单一饲料。例如，禾本科籽实类一般含赖氨酸和色氨酸较低，而豆科籽实含赖氨酸及色氨酸较多，蛋氨酸不足。故在组成家兔日粮时，以禾本科籽实及其副产品为主体，适当加入 10% ~ 20% 豆饼、花生饼类饲料配制成日粮，就能提高整个日粮中蛋白质的利用率。

3. 注重品质，认真调制

饲喂霉变、不清洁的饲料会影响家兔的健康，甚至引起疾病、导致死亡。青绿多汁类饲料的存放时间过长，会发生腐败变质，饲喂后会引起家兔中毒死亡，因此要保证新鲜；含水量和草酸含量高的青绿饲料（如牛皮菜、菠菜、青菜、莲花白）等长期饲喂，易引起拉稀和缺钙，尤其是哺乳母兔、妊娠兔和幼兔更应注意，应晒蔫后饲喂；雨水草、露水草、霜雪草饲喂后会引起下痢，要晾晒后才能饲喂；豆科牧草（如紫云英）、三叶草等大量饲喂会引起拉稀，因此应控制饲喂量。

（二）日常饲喂技术

1. 饲喂方式及饲喂量

家兔的饲喂方式有自由采食、定时定量和混合饲喂等方式，可根据自身条件和具体情况进行选择。

家兔比较贪食，最好做到定时、定量饲喂，来培养其良好的进食习惯，有规律地分泌消化液，促进饲料消化吸收。若不定时给料，就会打乱进食规律，引起消化机能紊乱，造成消化不良，易患肠胃病，使兔的生长发育迟滞，体质衰弱。特别是幼兔，当消化道发炎时，其肠壁成为可渗透的，容易引起中毒。所以，要根据兔的品种、体型大小、吃食情况、季节、气候、粪便情况来定时、定量给料和作好饲料的干湿搭配。例如：幼兔消化力弱，食量少，生长发育快，就必须多喂几次，每次给的份量要少，做到少食多餐。夏季中午炎热，兔的食欲低，早晚凉爽，兔的胃口较好，给料时要掌握中餐精而少，晚餐吃得饱，早餐吃得早。冬季夜长日短，要掌握晚餐吃精且饱，中午吃得少，早餐喂得早。雨季水多湿度大，要多喂干料，适当喂些精料，以免引起腹泻。粪便太干时，应多喂多汁饲料；粪便稀时，应多喂干料。

2. 更换饲料逐渐过渡

家兔的不同生理阶段和不同季节变换饲料、饲草的种类和日粮结构时，要逐渐过渡，有 7～10 天的过渡期，现有的草料由少至多逐渐取代原来的草料，使兔逐渐适应，以保证正常的食欲、消化机能和饲喂效果。

3. 注意饮水

水为兔生命所必需，因此，必须经常注意保证水的供应，应将家兔的喂水列入日常的饲养管理规程。供水量根据家兔的年龄、生理状态、季节和饲料特点而定。幼龄兔处于生长发育旺期，饮水量要高于成年兔；妊娠母兔需水量大，母兔产前、产后易口渴，饮水不足易发生残食或咬死仔兔现象。高温季节的需水量大，喂水不应间断；天凉季节，仔兔、公兔和空怀母兔每日供水 1 次；冬季在寒冷地区最好喂温水，因冰水易引起肠胃疾病。

五、日常管理

（一）保持安静，防止惊扰

兔胆小易惊、听觉灵敏。经常竖耳听声，倘有骚动，则惊慌失措，乱窜不安，尤其在分娩、哺乳和配种时影响更大，所以，在管理上应轻巧、细致，保持安静环境。还要注意防御敌害，如狗、猫、鼬、鼠、蛇的侵袭。

（二）注意清洁，保持干燥

家兔体弱，抗病力差且爱干燥，每天须打扫兔笼，清除粪便，洗刷饲具，勤换垫草，定期消毒，经常保持兔舍清洁、干燥，使病原微生物无法滋生繁殖，从而增强兔的体质、预防疾病。

（三）夏季防暑、冬季防寒、雨季防潮

家兔怕热，舍温超过25℃即食欲下降，影响繁殖。因此，夏季应做好防暑工作，兔舍门窗应打开，以利通风降温，兔舍周围宜植树、搭葡萄架、种南瓜或丝瓜等饲料作物进行遮阴。如气温过热，舍内温度超过30℃时，应在兔笼周围洒凉水降温。同时喂给清洁饮水，水内加少许食盐，以补充兔体盐分。寒冷对家兔也有影响，舍温降至15℃以下即影响繁殖。因此，冬季要防寒，要加强保温措施。雨季是家兔一年中发病和死亡率较高的季节，此时应特别注意舍内干燥，垫草应勤换，兔舍地面应勤扫，在地面上撒石灰或干的焦泥灰，以吸湿气，保持干燥。

（四）分群分笼，精细管理

为了便于管理，有利兔的健康，所有兔群应按品种、生产目的、年龄、性别等，分毛用、皮用和肉用兔群，公、母、青年和幼兔群等，进行分群分笼管理。确定群体的大小，一般圈饲每群15只，笼饲每笼4～6只。3月龄以后的青年兔和留种兔由群养逐渐改为笼养，每笼的数量随年龄增长逐渐减少到1～2只。

（五）保证适当空间，保持适当运动

适当运动可增强家兔体质，因此要保持家兔的适当运动。

（六）注意观察

每次添水、添料和进入兔舍，要注意观察兔群，随时发现兔群的异常、兔群中非正常个体、病兔等，以便及时处理。

六、日常管理基本操作技术

(一) 捉兔方法

捕捉家兔是管理上最常用的技术，方法不对往往造成不良后果。家兔耳朵大而竖立，初学养兔的人，捉兔时往往捉提两耳，但家兔的耳部是软骨，不能承悬全身重量，拉提时必感疼痛而挣扎（因兔耳神经密布，血管多），这样易造成耳根受伤，两耳垂落。捕捉家兔也不能倒拉它的后腿，兔子善于向上跳跃，不习惯于头部向下，如果倒拉的话，则易发生脑充血，使头部血液循环发生障碍，以致死亡。若提家兔的腰部，也会伤及内脏，较重的家兔，如拎起任何一部分的表皮，易使肌肉与皮层脱开，对兔的生长、发育都有不良影响。因此在捕捉家兔时应特别慎重，勿使它受惊。首先在头部用右手顺毛按摩，等兔较为安静不再奔跑时，然后抓住两耳及颈皮，一手托住后躯，使重力倾向托住后躯的手上，这样既不伤害兔体，也避免兔抓伤人（图6-1，图6-2）。幼龄兔的正确抓捉是直接抓住背部皮肤，或围绕胸部大把松松抓起，切不可握得太紧。也可使用提兔网捕捉。

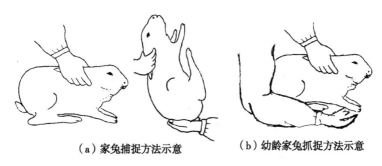

(a) 家兔捕捉方法示意　　(b) 幼龄家兔抓捉方法示意

图6-1　家兔捕捉方法

(二) 性别鉴定

根据生殖器的开口，生殖孔与肛门间的距离来判断。

（a）正确捕捉方法　　　（b）错误捕捉方法（拎耳朵）　　（c）错误捕捉方法（拎后腿）

图6-2　家兔捕捉方法

初生仔兔，可观察其阴部孔洞形状和肛门之间的距离。操作时将手洗净拭干，把仔兔轻轻倒握在手中，头部朝手腕方向，细细观察，后用食指向背侧压住尾部，用两手的拇指压下阴部，翻出红色的黏膜即可。阴部孔洞扁形而略大，与肛门大小接近，距肛门较近者为母兔；孔洞圆形，略小于肛门，距肛门较远者为公兔。阴部前方有一对白色的小颗粒，为阴囊的雏形，是公兔；否则是母兔（图6-3）。

公兔　　　母兔

图6-3　初生仔兔外生殖器官外观差异

当仔兔开眼后，可检查生殖器官。即用右手抓住仔兔耳颈，左手以中指和食指夹住兔尾，大拇指向上轻轻推开生殖器，若生殖孔呈"O"形，下为圆柱凸起，与肛门间距离远，则是公兔；生殖孔呈"V"形，孔扁形，下端裂缝延至肛门，无明显凸起，则为母兔。

3个月以上的幼兔和青年兔鉴定时比较容易。方法是：右手抓住

耳和颈皮，左手中指和食指夹住兔尾，手掌托起臀部，用拇指推开生殖孔，其口部突出呈圆柱形者是公兔；若呈尖叶形，裂缝延至下方，接近肛门的是母兔。中、成年兔只要看有无阴囊，便可鉴别其公母。

（三）年龄鉴定

兔的门齿和爪随年龄增长而增长，是年龄鉴别的重要标志。

1. 青年兔（1岁以下）

门齿洁白短小，排列整齐；老年兔门齿暗黄，厚而长，排列不整齐，有时破损。白色家兔趾爪基部呈红色，尖端呈白色。1岁家兔红色与白色长度相等；1岁以下，红多于白，1岁以上，白多于红。有色的家兔可根据趾爪的长度与弯曲来区别，青年兔较短，直平，隐在脚毛中，随年龄增长，趾爪露出脚毛之外，而且爪尖钩曲。

2. 壮年兔（1~3岁）

趾爪粗细适中，较平直，逐渐露出脚毛之外，趾爪颜色是红白相等；门齿白色，粗长而整齐；皮板薄厚适中，结实紧密。

3. 老年兔（3岁以上）

眼神无光，行动迟钝；趾爪粗而长，爪尖钩曲，表面粗糙无光泽，一半露出脚毛之外，白色多于红色；门齿呈黄褐色，厚而长，时有破损；皮板厚而松弛，长毛兔被毛出现两型毛较多。

（四）家兔编号

为便于管理和记录，可把种用公母兔逐只编号。编号的适宜部位是耳内侧，时间宜在断奶前3~5天。一般公兔编在左耳，单号；母兔编在右耳，双号。编号方法有以下几种。

1. 耳标法

先用铝片制成小标签，上面打好要编的号码，然后用锋利刀片在兔耳内侧上缘无血管处刺穿，将标签穿过小洞口，弯成圆环状固定在耳上扣好（图6-4）。

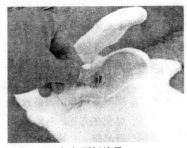
（a）耳标编号

（b）耳号钳墨刺编号

图6-4　家兔编号

2. 耳号钳墨刺法

采用特制的耳号钳（图6-5）和与耳号钳配套的数字钉、字母钉。先将耳号钉插入耳号钳内固定，然后在兔耳内侧无毛且血管较少处，用碘酒消毒要刺的部位，待碘酒干后涂上醋墨（墨汁中加少量食醋），再用耳号钳夹住要刺的部位，用力紧压，刺针即刺入皮内（图6-4），取下耳号钳，用手揉捏耳壳，使墨汁浸入针孔，数日后即可呈现出蓝色号码，永不褪色。

图6-5　家兔编号专用耳号钳

3. 墨刺法

在无耳号钳的条件下打耳号，可用蘸水笔尖蘸取醋墨直接刺耳号，刺时耳背部垫一橡皮，可使刺出的号码更清楚。

（五）家兔去势

凡不留作种用的公兔，或淘汰的成年公兔，为使其性情温顺，便于管理，或提高皮、肉质量，均可去势育肥。家兔的去势越早越好，但2.5月龄以前，睾丸仍在腹腔里或腹股沟内，阴囊尚未形成，无法去势。因此，去势一般在2.5~3月龄进行（淘汰的成年公兔除外），去势方法有以下几种。

1. 阉割法

可先将待去势的家兔催眠，将兔背朝下，头的位置稍低，适当保定，顺毛方向抚摸胸腹部、头侧面部、太阳穴部，家兔很快进入睡眠状态。此时阉割无痛感表现，眼睛半睁半闭，斜视，呼吸次数减少。如果手术中间苏醒，可用上述方法继续催眠，手术结束后，使其站立，即刻便会苏醒。阉割时，将睾丸从腹股沟管挤入阴囊，捏紧不使睾丸滑动，先用碘酒消毒术部，再用酒精棉球脱碘。尔后用消过毒的手术刀顺体轴方向切开皮肤，开口约1厘米，随即挤出睾丸，切断精索。用同法取出另一颗睾丸，然后涂上碘酒即可。成年兔去势，为防止出血过多，切断精索前应用消毒线先行扎紧。如果切口较大，可缝合1~2针。去势后应放入消过毒的笼舍内，以防感染伤口。一般经2~3天即可康复。

2. 结扎法

即用以上方法保定，先用碘酒消毒阴囊皮肤，将双睾丸分别挤入阴囊捏住，用消毒尼龙线或橡皮筋将睾丸连同阴囊一起扎紧，使血液不能流通，经10天左右，睾丸即能枯萎脱落，达到去势的目的。此法去势，睾丸在萎缩之前有几天的水肿期，比较疼痛，影响家兔的采食和增重。

3. 注药法

利用药物可杀死睾丸组织的原理，往睾丸实质注入药物。具体方法是：先将需去势的公兔保定好，在阴囊纵轴前方用碘酒消毒后，视公兔体型大小，每个睾丸注入5%碘酊或氯化钙溶液1.5~2毫升。注意药物应注入睾丸内，切忌注入阴囊内。注射药物后睾丸开始肿胀，3~5 天后自然消肿，7~8 天后睾丸明显萎缩，公兔失去性欲。

第二节　不同阶段的饲养管理技术

一、仔兔饲养管理技术

仔兔是指从出生到断奶的兔子。根据生理特点，仔兔可分为睡眠期（10~12 天）和开眼期（12 天~断奶）两个发育阶段。

（一）仔兔生长发育特点

1. 体温调节机能不健全

初生仔兔裸体无毛，体温调节机能不健全，一般在产后 10 天才能保持体温恒定。炎热季节巢箱内闷热，易整窝中暑，寒冬季节则易被冻死。初生仔兔最适环境温度为 30~32℃。

2. 视觉和听觉不发达

仔兔生后闭眼、耳孔闭塞，整天吃奶睡觉。出生 8 天后耳孔才能张开，11~12 天后眼睛才睁开。

3. 生长发育快

初生仔兔体重只有 40~65 克，但正常情况下出生 7 天后体重增加 1 倍，10 天增加 2 倍，30 天 10 倍，即使是 30 天后也能保持较快的生长速度。因此对营养物质要求比较高。

（二）仔兔的饲养管理

1. 早吃初乳、吃足奶

初乳是指母兔分娩后前 3 天所泌的乳汁。初乳营养丰富，富含蛋白、能量及维生素和镁盐等，易于消化，适合仔兔生长快、消化能力弱的生理特点，并能促进仔兔胎粪的排出。更重要的是初乳富含免疫球蛋白，仔兔能从中获得免疫物质，大大提高仔兔的免疫力和抗病能力。所以，仔兔出生后必须尽早吃到初乳。早吃奶、吃足奶是这个时期饲养管理工作的中心。

母性强的母兔，一般会边产仔边哺乳，但有些母兔尤其是初产母兔产后不哺乳仔兔。所以，仔兔出生后的5~6小时内，要检查仔兔的吃奶情况，对有乳不喂的母兔，要采取强制哺乳措施。参阅哺乳母兔饲养管理一节有关人工辅助哺乳。

自然界中的仔兔，每日仅被哺乳1次，通常是在凌晨，整个哺乳过程仅仅需要3~5分钟便可完成，期间仔兔要吸吮相当于自身体重30%左右的乳汁。仔兔连续2天最多3天吃不到乳汁，就会死亡。

2. 及时补饲

母兔将饲料转化成乳汁喂给仔兔，营养成分要损失20%~30%，更重要的是，仔兔3周龄后从乳汁中获取的能量只有55%，完全不能满足其生长发育需要。所以，从3周龄开始给仔兔补料，不仅可以满足仔兔的营养需要，而且能及早锻炼仔兔肠胃消化功能，利于仔兔的生长发育，利于仔兔安全渡过断奶关，即使从经济观点来看也十分必要。

补饲用料的营养成分及要求：消化能11.3~12.5兆焦/千克，粗蛋白20%，粗纤维8%~10%。配料时，加入适量酵母粉、酶制剂、生长促进剂、抗生素和抗球虫药物等。补饲用料的颗粒要适当小一些，能加工成膨化饲料更好。

补饲方法：从16日龄起，每只仔兔每天从4~5克开始逐渐增加到断奶时20~30克，每天饲喂4~5次；补饲时，要设置小隔栏将母兔与仔兔分开，仔兔能进入隔栏里吃食而母兔吃不到；或者将仔兔与母兔分笼饲养，仔兔单独补料，补饲后及时撤走料槽。

3. 人工哺乳

母兔产后无奶、生病或死亡，又找不上合适的寄养母兔，可以采取人工哺乳措施尽量挽救仔兔。

人工哺乳的具体方法：起初用鲜牛奶（或羊奶），100毫升中加入食盐1克，煮沸消毒后冷却至37~38℃，加入1~2毫升鱼肝油，装入已经过消毒的塑料眼药水瓶内（瓶口接一段乳胶自行车气门芯），或用注射器吸入后，每天喂2~3次，每次吃饱为止（图6-6）。1~2周后可以加入20%~30%的豆浆，每300~500毫升再加入鲜鸡蛋 1 个，并加入适量的复合 B 族维生素。人工哺乳用乳汁的浓度要视仔兔粪尿情况来定；人工哺乳器具必须严格消毒；剩余乳汁不能再喂仔兔，可以喂给成年兔或废弃。

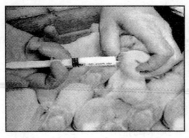

图 6－6　仔兔的人工哺乳

4. 仔兔寄养

多数情况下，母兔哺乳仔兔的数量应与其乳头数量一致，产仔数量多的母兔便不能哺乳所产全部仔兔。另外，生产实践中有时还会出现母兔产后无奶、死亡或疾病等现象。此时，可将无法哺乳的仔兔，由产仔少的母兔代为哺乳。即寄养。代乳母兔通常称作保姆兔。

仔兔寄养的具体方法是：首先要将保姆兔拿出笼子，再将寄养仔兔放入产箱内窝的中心，盖上垫草、兔毛；2 小时后将母兔放回笼内，观察母兔的行为，如发现母兔咬寄养仔兔，应立即将寄养仔兔移开。对于初次作为保姆兔的母兔，在鼻端涂抹少量石蜡、碘酒或清凉油等，扰乱母兔的嗅觉，能大大提高寄养成功率。

5. 并窝哺乳

对于产仔少的母兔，可采用并窝哺乳，在保证仔兔成活率的前提下，提高母兔利用率。并窝哺乳仔兔之间日龄差异不超过 2～3 天。

6. 重新分窝哺乳

对同期生产的所有仔兔，根据体重不同分配给不同泌乳性能的母兔进行哺乳，可以提高仔兔发育均匀度和仔兔成活率。目前，该法在欧洲的一些工厂化商品兔场普遍采用。

7. 适时断奶

根据仔兔生长发育状况、均匀度和兔群繁殖计划和制度，制定合适的断奶时间，在做好补料的基础上，适时断奶，能保证仔兔安全渡过断奶关，减少断奶应激，提高成活率。断奶时间一般选择在28～42日龄。断奶方法有以下两种。

（1）一次性断奶　全窝仔兔发育良好、均匀，母兔泌乳能力急剧下降，或母兔接近临产期，可采用同窝仔兔一次性全部断奶。

（2）分期分批断奶　同窝仔兔发育不整齐，母兔体质健壮、泌乳能力尚保持良好时，可以先让健壮的个体断奶，弱小个体继续哺乳数天后再断奶。

断奶后，原笼原窝仔兔一起饲养，饲喂断奶前的饲料，减少环境、饲料、管理等发生变化而引起的应激，降低仔兔断奶后的死亡率。

8. 提高成活率的其他措施

（1）提高母兔泌乳量　"早吃初乳、吃足奶"是关系到仔兔健康生长的关键所在，母兔的及时泌乳和充足泌乳量就成为保证仔兔健康的重要物质基础。影响母兔泌乳量的因素较多，如遗传、乳头数、泌乳天数、哺乳仔兔数、母兔生理状态（是否受孕等）、摄取营养（采食量及饲料营养浓度）等。遗传及乳头数，通过兔场选留母兔时予以解决，选留母兔时在注重产仔数的同时，要选择乳头数多的个体，有利于提高仔兔断奶前后的成活率；营养方面，通过增加饲喂量和提高饲料营养浓度，能提高母兔泌乳量，利于仔兔的生长发育和提高仔兔成活率。生产实践中，根据母兔的泌乳量、哺乳仔兔数量等，采取催乳措施提高泌乳量，或调整哺乳仔兔数等措施，保证仔兔吃足奶，增强仔兔抵抗力，提高仔兔成活率。

（2）防寒防暑　仔兔体温调节功能不健全，寒冷季节管理不当容易受冻而死，保温防寒是冬季仔兔管理的重点。措施有：提高兔舍温度、增加巢箱垫草及注重垫草铺垫形状（将垫草整理成浅碗底状，即中间深周边高，便于仔兔集中保暖）、母子分离（将仔兔放到暖和安全的房间）等。对已经受冻的仔兔，可立即放入 35℃温水中（图6-7），恢复后用柔软的纱布或棉花浸干仔兔身上的水，再放入产箱；或用火炕或电褥子取暖，恢复后放入产箱。

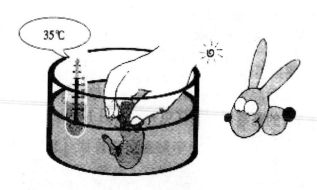

图6-7 受冻仔兔急救法

炎热季节管理不当，同样会造成仔兔受热而死，甚至会造成整窝仔兔死亡，防暑降温是夏季仔兔管理的重点。炎热季节，要及时弃去巢箱中过多的垫草和兔毛，加强巢箱内通风和降温。另外，初生仔兔裸体无毛，容易被蚊虫叮咬，这时可以将母子分离，巢箱放到安全的地方，并外罩纱布，这样不仅可有效防蚊虫叮咬，也因母子分离而起到降温的作用。

（3）防鼠害 初生仔兔体重只有50~60克，易被鼠残食，所以防鼠害是提高仔兔成活率的重要措施之一。除在兔舍建筑设计和兔舍建设时考虑防鼠害外，需要在兔舍与舍外通道（如窗户、通风口等）设置适当大小网格的铁丝网。另外，要有好的灭鼠计划和措施。

（4）防母兔残食 仔兔也会经常被母兔残食，给母兔提供均衡的营养和充足的饮水，并保持母兔产仔时安静，可有效防止食仔现象。对有食仔恶癖的母兔应及时淘汰。

（5）预防疾病 仔兔体重小、机体调节功能差、抵抗力弱，易发生疾病。仔兔易患疾病有：黄尿病、脓毒败血症、大肠杆菌病和支气管败血波氏杆菌病（15日龄以内）等。其中，有些疾病系因仔兔管理不当造成，有些疾病是由母兔造成，所以预防疾病要从母兔和仔兔两个方面采取综合措施。

黄尿病是由于仔兔吸吮患乳腺炎母兔乳汁所致，一般同窝仔兔同时发生或相继发生，患病仔兔粪稀如水，呈黄色、味腥臭，患兔昏睡，死亡率很高，甚至全窝死亡。预防母兔乳房炎的发生是杜绝仔兔黄尿病的主要措施。仔兔一旦发生黄尿病，必须对母兔和仔兔同时实施治疗。母兔肌肉注射青霉素，仔兔口服庆大霉素 3～5 滴/只，2～3 次/天。

采取措施，做好兔舍保温及通风可有效预防支气管败血波氏杆菌病、大肠杆菌病。有条件的，给母兔注射大肠杆菌、波氏杆菌和葡萄球菌疫苗，可有效预防仔兔感染疾病。

（6）精细管理，减少非正常致残或死亡　及时发现和处理吊奶：仔兔哺乳时会将乳头叼紧，母兔哺乳完毕跳出产仔箱的时候，免不了可能将仔兔带出箱外但又无力叼回，称为吊奶。饲养管理人员应随时检查，发现后及时把仔兔放回巢箱内（尤其是冬季），以避免仔兔长时间在箱外而死亡。

保持垫草中无杂物：巢箱用垫草中混有布条、棉线、绳子等杂物时，易造成仔兔被缠绕而窒息或残肢，应引起注意。

人工辅助开眼：一般情况下，仔兔产后 12～15 天开眼，此时要仔细逐只检查，发现开眼不全的仔兔，可用药棉球蘸上温开水洗去封堵眼睛的黏液，也可用注射器吸入温水，人工辅助仔兔开眼，否则可能形成大小眼或瞎眼（图 6－8）。

预产值班守候：母兔配种要有准确记录，笼门上挂配种标识牌，标识牌必须明确配种时间和预产期，预产期要有人值班守候，将产到箱外的仔兔及时放入巢箱内。

二、幼兔饲养管理技术

幼兔是指断奶到 3 月龄的小兔。幼兔发育速度快、消化能力差、贪食、抗病力弱。高能量、高蛋白的饲粮虽然可以提高幼兔的生长速度和饲料利用率，但健康风险也较大。设计幼兔饲料配方时，要兼顾生长速度和健康风险。不具备丰富经验的养兔者，应以降低健

图 6 - 8　人工辅助开眼操作

康风险为主，饲料营养水平不宜过高；有一定养殖经验的养殖者，可以适当提高日粮营养水平，达到提高生长速度和饲料利用率的目的。这个阶段的日粮除要有一定量的粗纤维（不低于 14%）外，其中的木质素也要达到一定水平（5% 左右）。

养兔生产实践证明，幼兔是家兔一生中最难饲养的一个阶段，幼兔饲养的成败关系到整个养兔生产的成败。养好幼兔的关键是做好饲养管理每个具体细节。

（一）饲养技术

1. 定时、定量、定质

幼兔食欲旺盛，贪食，饲喂要少喂勤添，严格遵守"定时、定量、定质"的饲喂原则。定时：固定每天的饲喂时间，定时饲喂，一般每天饲喂 4~6 次，逐步让幼兔形成良好的采食习惯；定量：根据日粮营养水平、兔体重发育情况、幼兔群健康状况等制定合理的饲喂量，严格按量饲喂，在保证健康状况不受影响的前提下，让兔足量采食，有利于提高生长速度和饲料利用率；定质：幼兔阶段要尽量保持精粗饲料的原料种类、饲料配方及配合饲料类型等的稳定，更换饲料时也必须有 7~12 天的过渡期，这对幼兔尤为重要。

2. 适当使用添加剂

为预防疾病，同时不影响甚至提高增重，幼兔日粮中可适当添加药物添加剂、复合酶制剂、益生元、益生素、低聚糖等。

3. 少喂青绿饲料

幼兔要少喂青绿饲料，即使饲喂青绿饲料也要采取逐步增加喂量的方式，切忌突然大量饲喂，否则会引起消化道疾病。含水分或草酸过高的青草、露水草、雨水草、霜雪草等必须经过晾晒后才可以饲喂；缺青季节用多汁饲料饲喂也要遵循由少量逐渐增加的原则，并最好选择在中午气温较高的时候饲喂，同时要注意，切忌饲喂冰冻的多汁饲料。

4. 充足的采食面积

目前我国幼兔养殖多采用群养或数只同笼饲养，因此，必须有充足的采食面积（料盒长度及数量），以防止采食不均，个体强壮的因采食过多而发生消化道疾病，身体瘦弱的因采食不足而影响生长速度。

（二）管理技术

1. 过好断奶关

幼兔发病高峰多为断奶后的 1 ~ 2 周，究其原因，主要是由断奶不当而引起。正确的断奶方法是根据仔兔发育、体质健壮、母兔泌乳等情况，确定断奶日龄，选择一次性还是分批断奶。幼兔断奶要采用"原笼饲养法"（将幼兔留在原笼中移走母兔），并遵守"饲料、环境及管理三不变"原则。

2. 合理分群

断奶后在原笼中饲养一段时间后，依据幼兔个体大小、强弱开始进行分群或分笼。笼养时每笼 3 ~ 5 只，群养时每群 5 ~ 10 只。

3. 防腹部着凉

幼兔腹部皮肤比较薄，易着凉引起腹泻或发生大肠杆菌等消化道疾病，因此，在寒冷季节，早晚要注意兔舍的保温或加温，以防止幼兔腹部着凉。

4. 增加运动

幼兔发育速度快，新陈代谢旺盛，条件允许的情况下要增加其户外运动，多晒太阳，促进新陈代谢。

5. 预防性投药

危害幼兔的主要疾病之一是球虫病，因此，在幼兔日粮中添加氯苯胍、盐霉素、地克珠利等抗球虫药十分必要。另外，幼兔日粮中添加适量的洋葱、大蒜等，对增强幼兔体质、预防胃肠道疾病有良好作用。

6. 保持清洁

幼兔抗病力较差，搞好兔舍、兔笼的清洁卫生，保持兔舍干燥、清洁、通风十分重要。

7. 免疫注射

为预防传染性疫病的发生和蔓延，幼兔阶段须注射猪瘟与巴波二联、魏氏梭菌、大肠杆菌等疫苗。

三、后备兔饲养管理技术

后备兔是指3月龄后至初配前的青年种兔。后备兔的饲养管理，直接关系到种用兔的配种繁殖效果及其品种优良性能的发挥。

（一）饲养技术

后备兔的日粮，要保证一定量的蛋白质（15%～16%）和钙、磷、锌、铜、锰、碘等矿物质元素和维生素A、维生素D、维生素E的供给；适当限制精料比例；增加优质青饲料和干青草的喂量。这既可降低饲料成本，又可在保证生长发育的营养需要基础上，不导致种兔过肥而影响繁殖。日粮构成可按75～100克精料补充料（颗粒料）加500克青饲料搭配。

（二）管理技术

要做好适时分群上笼，必须实行单笼喂养，保证较好的光照条件；不断淘汰不符合种用要求的后备兔；作好兔瘟、呼吸系统疾病的预防接种和疥癣病的定期防治；防止后备种公、母兔间早交乱配。

四、种公兔饲养管理技术

虽然种公兔在兔群中的数量最少，但种公兔的好坏却关系着整个兔群的生产水平，因而养好公兔至关重要。正所谓"公好好一坡，母好好一窝"。

（一）公兔种用的标准

种公兔的品种质量和养殖好坏关乎养兔场整个兔群的质量，因此应根据要求选择种公兔。选择要求是：品种特征明显；头宽而大；胆子大；体质结实，体格健壮；两个睾丸大而匀称；精液品质好，受胎率高。

（二）种公兔的选留和培育

1. 种公兔选留

（1）父母优秀 种公兔要从优秀父母的后代中选留，也就是说，选留种公兔首先要看其父母。一般要求，其父亲要体型大，生长速度快，被毛形状优秀（毛用兔和皮毛用兔）；母亲应该是产仔性能优良，母性好，泌乳能力强。

（2）睾丸大而匀称 睾丸大小与家兔的生精能力呈显著的正相关，睾丸大而左右匀称的公兔可以提高精液品质和精液量，从而提高受精率和产仔量。

（3）性欲旺盛胆子大 公兔的性欲可以通过选择而提高，因此，选留种用公兔时，性欲可以作为其中指标之一。

（4）选择强度 选留种用公兔时，其选择强度一般在 10% 以内，也就是说，100 只公兔内最多选留 10 只。

2. 后备种公兔的培育

（1）饲料营养 后备种公兔的饲料营养要求全面，营养水平适中，切忌用低营养浓度日粮饲喂后备种公兔，不然会造成"草腹兔"影响日后配种。

（2）饲养方式 后备种公兔的饲养方式以自由采食为宜，但要注意调整，防止过肥。

（3）笼位面积　公兔的笼位面积要适当大一些，以增加运动量。

（4）及时分群　后备种兔群 3 月龄以上时要及时分群，公母分饲，以防早配、滥配。

（三）种公兔的饲养技术

1. 非配种期种公兔饲养技术

非配种期的公兔需要恢复体力，要保持一定的膘情，不能过肥或过瘦，需要中等营养水平的日粮，并限制饲喂，配合饲料饲喂量限制在 80%，添喂青绿多汁饲料。

2. 配种期种公兔饲养技术

（1）营养需求特点　中等能量水平（10.46 兆焦/千克）。过高易造成公兔过肥，性欲减退，配种能力下降；过低，造成公兔掉膘，精液量减少，配种效率降低，配种能力也会下降。

高水平及高品质蛋白质。蛋白质数量和品质对公兔的性欲、射精量、精液品质等有较大的影响，因此日粮蛋白质要保持一定水平（17%），且最好适当添加动物性饲料，以提高饲料的蛋白质品质。

补充维生素和矿物质。维生素、矿物质对公兔精液品质影响巨大，尤其是维生素 A、维生素 E、钙、磷等。所以，配种期种公兔的饲料中要补充添加，尤其是维生素 A 更易受高温和光照影响而被破坏，更要适当多添加。

（2）提早补充营养　精子的形成有个过程，需要较长的时间，所以营养物质的补充要及早进行，一般在配种前 20 天开始。

（四）种公兔的管理措施

1. 单笼饲养

成年种公兔应单笼饲养，笼子的面积要比母兔笼大，以便运动。

2. 加强运动

运动对维持种公兔的体质、性欲、交配能力、精液量及精液品质等都十分重要，条件允许的话定期让公兔在运动场地活动 1~2 小时，没有条件要尽量创造公兔的运动机会。

3. 保持兔笼安全

公兔笼底板间隙以 12 毫米为宜，前后宽窄要匀称，过宽或前后宽窄不匀会导致配种时公兔腿陷入缝隙导致骨折；笼内禁止有钉子头、铁丝等锐利物，以防刺伤公兔的外生殖器；时刻注意及时关好笼门。

4. 缩短毛用公兔养毛期

毛兔被毛过长，会减少射精量，降低精液品质，畸形精子（主要是精子头部异常）比例加大，从而影响配种质量。因此，对毛用种兔要尽量缩短其养毛期。

5. 注重健康检查

重视公兔的日常健康检查，检查公兔生殖器，如发现梅毒、疥癣、外生殖器炎症等疾病，应立即停止，及时隔离治疗。

（五）种公兔的配种技术

1. 控制种用年限

种公兔超过一定利用年限后，其配种能力、精液量、精液品质等都会明显下降，逐步失去种用价值，要及时更新和淘汰。从开始配种算起，一般公兔的利用年限为 2 年，特别优秀者最多不超过 3 ~ 4 年。

2. 掌握配种频率

初配公兔：隔日配种，也就是交配 1 次，休息 1 天；青年公兔：1 次/日，连续 2 天休息 1 天；成年公兔：可以 2 次/日，连续 2 天休息 1 天。长期不用的公兔开始使用时，头 1~2 次为无效配种，应采取双重交配，也就是用 2 只公兔先后交配 2 次。生产中，配种能力强（好用）的公兔过度使用配种能力弱（不好用）公兔很少使用的现象比较普遍，会导致优秀公兔由于过度使用，性功能出现不可逆衰退，不用的公兔长期放置性功能退化，久而久之会影响整个兔群的正常配种和繁育工作，应引起足够重视。

3. 控制公母比例

自然交配时，兔群中成年公兔与可繁殖母兔的比例为 1：（8～10），种公兔中壮年比例占 60%、青年占 30%、老年占 10% 为好；采用人工授精时，公母比例为 1：（50～100）。

（六）消除公兔"夏季不育"的措施

所谓"夏季不育"是指炎热的夏季配种后不易受胎的现象。当气温连续超过 30℃以上时，公兔睾丸萎缩，曲精管萎缩变性，暂时失去产生精子的能力，此时配种便不易受胎。可通过以下方法消除或缓解"夏季不育"。

1. 创造非高温养殖环境

炎热高温季节，将公兔饲养在安装空调兔舍或凉爽通风的地下室。

2. 使用抗热应激添加剂

按 10 克/100 千克的比例在饲料中添加维生素 C，可增强公母兔的抗热应激能力，提高受胎率，增加产仔数。

3. 选留抗热应激能力强的公兔作种用

在高温维持时间较长的地区养殖家兔，有必要在选留公兔时将抗"夏季不育"作为一个指标，通过精液品质检查、配种受胎率测定等选留抗热应激能力强的公兔作为种用。

（七）缩短"秋季不育"期的措施

生产中发现，兔群在秋季配种受胎率不高，要恢复需要持续1.5～2 个月时间，且恢复期与高温的强度、持续的时间有较大关系，这便是"秋季不育"现象。这种现象的发生，目前一致的看法是高温季节对公兔睾丸的破坏所造成，缩短"秋季不育"期对提高兔群繁殖能力十分重要，可采用以下措施。

1. 提高公兔饲料营养水平

提高公兔饲料营养水平能明显缩短"秋季不育"期。粗蛋白质水平增加到 18%，维生素 E 达 60 毫克/千克，硒达 0.35 毫克/千克，维生素 A 达 12 000国际单位/千克。

2. 使用抗热应激添加剂

使用兔专用抗热应激添加剂可以在一定程度上缩短"秋季不育"期。

五、空怀母兔饲养管理技术

所谓空怀期，是指母兔从仔兔断奶到再次配种怀孕的这一段时期，又称为休养期。空怀期母兔，因哺乳期消耗了大量的养分，体质瘦弱。因此，这个阶段饲养工作的主要任务是恢复母兔膘情，管理工作的主要任务是调整母兔体况，防止过肥或过瘦。

（一）饲养技术

1. 集中补饲

具体方法是：在母兔交配前 1 周（以确保其最大数量准备受精的卵子）、妊娠末期（降低胚胎早期死亡的危险）和分娩后 3 周（确保母兔泌乳量以保证仔兔的最佳生长发育速度）。每天补饲 50 ~ 100 克精饲料。

2. 限制饲喂

种兔过肥会影响繁殖，必须进行控制。限制饲喂是控制母兔膘情的有效办法。限制饲喂可以限制每天的饲喂量，也可以限制每天的饲喂次数；限制家兔饮水，每天只允许家兔饮水 10 分钟，成年兔颗粒料的采食可降低 25%，高温情况下的限饲效果尤为明显。

（二）管理措施

1. 观察发情，适时配种

空怀母兔可采用单笼饲养，也可采用群养，但都必须观察其发情情况，根据发情表现掌握好配种的适宜时间，做好适时配种。

2. 灵活掌握空怀期

空怀期长短与母兔体况恢复快慢有关，根据个体具体情况灵活掌握。对于消瘦或恢复较慢的个体，可适当延长空怀期，不顾母兔体况恢复情况一味追求繁殖胎次往往会适得其反。

3. 异常检查

对于不易受胎的母兔，可以利用摸胎的方法检查子宫是否有脓肿，若有则及时淘汰。对于由于非器质性疾病造成的不发情母兔，可以采取异性诱情或使用催情散。

六、怀孕母兔饲养管理技术

母兔自交配或受精后受胎到分娩产仔的这段时间称为怀孕期，也称妊娠期。处于这个阶段的母兔便称为怀孕或妊娠母兔。

（一）怀孕母兔饲养技术

怀孕母兔的营养需要因所处妊娠阶段不同而异，一般可分为妊娠前期和后期。

1. 怀孕前期限制饲喂，但营养要均衡

怀孕前期（最初3周），母兔器官及胎儿组织增长缓慢，胎儿仅占整个胚胎期胎儿总增长量的10%左右，所需营养物质不多，此期过肥或采食过量会导致母兔在产仔期死亡率提高，抑制泌乳早期的采食量，故一般采用限食饲喂，但要注意饲料质量，营养一定要均衡。

2. 后期提高饲料营养水平

怀孕后期（21~31天），胎儿及胎盘生长迅速，胎儿的增重相当于初生重的90%，母兔营养需要也快速增加。但此阶段，由于胎儿占位空间的快速增加，母兔腹腔空间缩小，限制了饲料的摄入量，采食量下降。因此，应适当提高营养水平（饲料水平应为空怀母兔的1~1.5倍），以补偿因采食量下降所导致的营养摄入量不足。

在妊娠的最后1周，母兔要动用体内贮备的能量来满足胎儿生长的绝大部分能量需要。据估计，妊娠晚期的平均需要量相当于维持需要。

妊娠后期可以适当增加饲喂量，也可以采用自由采食。

3. 母兔临产的饲养

妊娠最后 1 周，要增喂适口性好、易消化、营养价值高的饲料，以避免母兔绝食，防止妊娠毒血症（软瘫，不能行走）。

4. 特别提醒

妊娠期饲料能量水平不宜过高，否则影响繁殖，不仅会减少产仔数，还会导致乳腺内脂肪沉积而造成产后泌乳减少。

（二）妊娠母兔管理措施

1. 保胎防流产

母兔流产一般发生在妊娠后 15 ~ 25 天，尤其是 25 天左右，这个阶段母兔受到惊吓、挤压、摸胎不正确、食入霉变饲草料或冰冻饲料、疾病、用药不当等，都可能引起母兔流产，应针对性采取措施加以预防。

2. 充分做好分娩前准备工作

一般情况下，在产前 3 天，将消好毒的产仔箱（图 6 – 9）放入母兔笼内，产仔箱内垫好刨花或柔软的垫草（图 6 – 10）。母兔在产前 1 ~ 2 天要拉毛做窝（图 6 – 11）。据观察，母兔产前拉毛做窝越早，其哺乳性能会越好。对于不拉毛的母兔，在产前或产后要进行人工拔毛（图 6 – 12），以刺激乳房泌乳，提高母兔的哺乳性能。

图 6 – 9　产仔箱消毒

图 6 – 10　产仔箱内放入刨花

3. 加强母兔分娩管理

母兔分娩多在黎明时分，一般情况下，母兔产仔都会很顺利，

图 6 – 11　临产母兔自己拉毛做窝　　　图 6 – 12　临产母兔人工辅助拉毛

每 2～3 分钟能产下 1 只，15～30 分钟可全部产完。个别母兔产下几只后要休息一会，有的甚至拖至第二天再产，这种情况往往系因产仔时母兔受到惊吓所致。因此，母兔分娩过程中，要保持安静，严冬季节要安排人值班，对产到箱外的仔兔要及时保温，放入产仔箱内。母兔产仔完成后，要及时取出产箱，清点产仔数（必要时要称初生窝重和打耳号），剔出死胎、畸形胎、弱胎和沾有血迹的垫草。母兔分娩后，因失水、失血过多，身体虚弱，精神疲惫，口渴饥饿，所以要准备好盐水或糖盐水，同时要保持环境安静，让母兔得到充分的休息。

4. 诱导分娩

生产实践中，50% 的母兔分娩是在夜间，初产母兔或母性差的母兔，易将仔兔产在产仔箱外，得不到及时护理容易造成饿死或掉到粪板上死亡，尤其是冬季还容易造成冻死，从而影响仔兔的成活率。采取诱导分娩技术，可让母兔定时产仔，有效提高仔兔成活率。

诱导分娩的具体操作方法：将 30 天以上（含 30 天）的母兔，放置在桌子上或平坦地面，用拇指和食指一小撮一小撮地拔下乳头周围的被毛（图 6 – 13），然后放入事先准备好的产箱内，让出生 3～8 日龄的其他窝仔兔（5～6 只）吸吮乳头 3～5 分钟，再放进其将使用的产箱内，一般 3 分钟左右便可以开始分娩。

5. 人工催产

对妊娠超过 30 天（含 30 天）仍不分娩的母兔，可以采用人工催产。人工催产的具体方法是：先在母兔阴部周围注射 2 毫升普鲁

图 6 - 13　人工拔毛—诱导分娩

卡因注射液，再在母兔后腿内侧肌肉注射 1 支（2 国际单位）催产素，几分钟后仔兔便可全部产出。需要注意的是：人工催产不同于正常分娩，母兔往往不去舔食仔兔的胎膜，仔兔会出现窒息性假死，不及时抢救会变成死仔，因此，对产下的仔兔要及时清理胎膜、污水、血毛等，并用垫草盖好仔兔，同时要注意及时供给母兔青绿饲料和饮水。

6. 母兔产后管理

产仔后的 1~2 天内，因食入胎衣、胎盘，母兔消化机能较差，因此应饲喂易消化的饲料。分娩后的一周内，应服用抗菌药物，以预防产道炎症、乳腺炎和仔兔黄尿病，促进仔兔生长发育。

七、哺乳母兔饲养管理技术

从产仔到断奶，这个时间称之为哺乳期，此期母兔就是哺乳母兔。哺乳母兔是家兔一生中代谢能力最强、营养需求最高的生理阶段。

（一）泌乳生理特点

母兔产仔后即开始泌乳，前 3 天泌乳量较少，为 90～125 毫升/天，随着泌乳期的延长而逐步增加，至泌乳 18～21 天达到高峰，为 280～295 毫升/天，21 天后开始慢慢下降，30 天后迅速下降（图 6－14）。

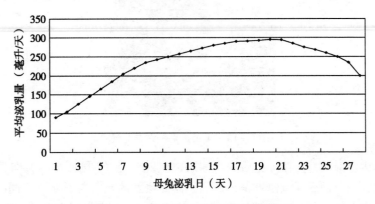

图 6－14 母兔不同泌乳日龄的泌乳量

各种哺乳动物的乳汁中，兔乳的干物质含量最高，除乳糖含量低于其他哺乳动物乳汁外，粗蛋白质、脂肪、能量等其他成分均高。因此，生产中用其他动物乳汁替代兔乳往往不能取得预期的效果。营养丰富的乳汁为仔兔快速发育提供了物质基础，同时母兔也需要从饲料中获取充足的营养物质来满足泌乳需要。因此哺乳母兔的饲养管理重点是促进泌乳，使母兔多产乳。

（二）饲养技术

1. 前期饲喂量不宜多但品质要高

母兔产后 3 天泌乳量较少，同时身体较弱，消化机能也尚未恢复，因此喂量不宜太多，但要求饲料适口性好、易消化、营养丰富而平衡。

2. 中期加量、后期自由采食

产仔 3 天开始，要逐步增加饲喂量，18 天之后饲喂近似于自由采食。

3. 饲喂青绿多汁类饲料

哺乳家兔食饱颗粒饲料后，还可以再摄入青绿多汁饲料，这样可以促进母兔分泌乳汁，达到母壮子肥的目的。

4. 哺乳母兔饲料营养水平

哺乳母兔饲料中粗蛋白质要达到 16% ~18% ，能量达 11.7 兆焦/千克，钙和磷分别达 0.8% 和 0.5% 。最新研究结果显示，哺乳母兔采食过量的钙（>4%）或磷（>1.9%）会影响繁殖性能，发生多产性或增加死胎率。

5. 充足饮水

保证充足饮水对保证哺乳母兔泌乳十分重要。

（三）判断母兔泌乳能力的方法

可以通过仔兔的表现来判断母兔泌乳量和乳汁质量。仔兔腹部胀圆，肤色红润光泽，安睡少动，表明母兔泌乳能力强；仔兔腹部空瘪，皮肤灰暗无光，用手触摸时头向上乱动，发出"吱吱"叫声，则表明母兔无乳、乳不足或有乳不哺，此时要采取相应的措施予以解决。对无乳或少乳母兔则要采取寄养或人工哺乳、人工催乳等措施来保证仔兔成活；对有乳不哺的母兔则要进行人工强制（辅助）哺乳。

（四）管理措施

确保母兔健康、最大程度泌乳、预防乳房炎，让仔兔吃上奶、吃足奶，是这一阶段管理要点。

1. 产后及时清理兔笼

产后母兔笼要用火焰消毒 1 次，除利于兔笼清洁卫生外，并可以烧掉附着在笼子上的或飞扬的兔毛，预防毛球病发生。

2. 注意初产母兔的休息

初产母兔采食能力有限，泌乳期体内营养贮备动用严重，体重会出现大幅下降（20%以上）而太瘦。所以须给予充分的休息时间，不然会影响未来的繁殖能力。

3. 母仔分离饲养

有条件的可以采取母仔分离饲养法。

（1）优点　提高仔兔成活率；可让母兔充分休息而利于下次配种；能保证在气温过低或过高的环境下母兔的正常产仔。

（2）操作　初生仔兔吃完第一次母乳后，将产仔箱连同仔兔一起移至温度适宜、安全的房间。以后每天早晚各1次将产仔箱和仔兔一同放入母兔笼内，让母兔喂奶30分钟后再搬到专门放置产箱的房间。

（3）注意事项　对护仔性强或不喜欢人动仔兔的母兔不能勉强采用；产仔箱必须标记清楚，防止放错仔兔，导致母兔咬死仔兔；放置产箱的房间除温度适宜外，并要有防鼠防兽设施，通风良好。

4. 预防乳房炎

乳房炎是危害母兔和仔兔健康的重要疾病之一，一旦患乳房炎，轻者导致仔兔患黄尿病死亡，重者可致使母兔失去种用功能。

乳房炎多由管理不当造成，其主要原因有三：其一、母兔泌乳过多仔兔吃不完，乳汁长久滞留在乳房内；其二、母兔产仔多，泌乳量不足，仔兔拼命吸吮乳头，乳头损伤后感染细菌；其三、笼内钉头、铁丝、刺等锐利物刺破乳房后感染细菌。针对以上原因分别采取寄养、催乳、清除笼内锐利物等措施，便可。另外，产后3天内每天给母兔喂1次复方新诺明、苏打片各1片，预防效果明显。若兔群发病率高，可注射葡萄球菌菌苗，每年注射2次。

5. 人工催乳

对于乳少的母兔可采取人工催乳。具体方法如下。

①有青季节饲喂蒲公英、苦菜等青绿饲料，缺青季节喂胡萝卜等多汁饲料。

②煮沸后的温凉的豆浆200克，加入捣烂的大麦芽（或绿豆

芽）50 克，红糖 5 克，混合喂饮，1 次/天。

③ 新鲜蚯蚓用开水泡，发白后切碎拌红糖喂兔，2 次/天，1～2 条/次。

④ 催奶片，3～4 片/天，连喂 3～4 天。

⑤ 拔去乳房周围的毛，用热毛巾按摩乳房也可以促进母兔泌乳。

6. 人工辅助哺乳

对于有乳不哺或在巢箱内排尿、排粪或有食仔恶癖的母兔，必须采取人工强制（辅助）哺乳。具体做法是：将母兔与仔兔隔开饲养，定时将母兔捉进仔兔巢箱内，用右手抓住母兔颈部皮肤，左手轻轻按住母兔臀部，让仔兔吃奶（图 6 – 15）。如此反复数天，直至母兔习惯为止。一般每天早晚各 1 次，每次 30 分钟左右（视仔兔吃奶情况而定）。

图 6 – 15　仔兔人工辅助哺乳

7. 通乳

在乳汁浓稠而阻塞乳管，造成仔兔吸吮困难时，可进行通乳。① 热毛巾（45℃）按摩乳房，10～15 分钟/次；② 将新鲜蚯蚓用开水泡至发白后，切碎拌红糖喂母兔；③ 减少或停喂混合精饲料，多喂青绿多汁饲料；④ 保证充足的饮水。

8. 收乳

对于产仔太少或全窝仔兔全部死亡又没有代养仔兔，泌乳量又很大，可实施收乳。具体方法：① 减少或停喂混合精饲料，少喂青绿多汁饲料，多喂干草；② 饮2%～2.5%的冷盐水；③ 干大麦芽50

克，炒黄饲喂或煮水喂饮。

第三节　不同季节饲养管理技术

家兔的生长发育与外界环境条件紧密相连，而我国的自然条件，不论在气温、雨量、湿度还是饲料的品种、数量、品质都有显著的地区性和季节性的特点。因此，要根据家兔的习性、生理特点和季节特点，酌情采取科学的饲养方法，才能确保家兔健康，促进养兔业的发展。

一、春季饲养管理

春季，我国北方气温高，雨量少，多风干燥，阳光充足，青饲料相继开始供应，是家兔繁殖的最佳季节，也是兔生长发育的好季节。但随着气温的逐步升高，病原微生物开始活动，且春季气候变化无常，是多种疾病的高发季节，尤其是南方春季多阴雨，湿度大，适于细菌繁殖，非养兔有利的季节，兔病多，死亡率为全年最高（尤其是幼兔）。对春季家兔的饲养管理，主要采取以下措施。

（一）加强营养

家兔经过一个冬季的饲养，身体虚弱，同时又处于春季换毛时期。为了增强兔的抗病能力，在此季节可在饲料中拌入一定量的大蒜、抗生素等，以减少和避免拉稀。对换毛期的家兔，应给予新鲜幼嫩的青饲料，并适当给予蛋白质含量较高的饲料，以满足其需要。家兔日粮蛋白质水平不低于16%，且要注意添加维生素、大麦芽等。

（二）把好吃食关

经过冬贮的胡萝卜等多汁饲料，春季极易发霉变质，饲喂时要特别注意，以防中毒。不喂带泥浆水和堆积发热的青饲料、霉烂变质的饲料（如烂菜叶等），下雨以后割的青草，要晾干再喂。在阴雨多、湿度大的情况下，要少喂水分高的青饲料，增喂一些干粗饲料。

（三）抓好春繁

春季是家兔繁殖的黄金季节，应及早开始春繁，力争春繁2胎。

（四）加强管理

春季气候不稳定，气温变化大，要保持兔舍内环境温度的相对稳定，以防感冒和消化道疾病。潮湿地区，笼舍要清洁干燥，每天应打扫笼舍，清除粪尿，冲洗粪槽。做到舍内无臭味，无积粪污物；食具、笼底板、产箱要常洗刷、常消毒。室内笼饲的兔舍要求通风良好，地面可撒上草木炭、石灰，借以消毒、杀菌和防潮湿。

（五）加强观察

每天都要检查幼兔的健康情况，发现问题及时处理。

（六）预防疫病

春季是多种疾病的高发季节，做好疫病的预防工作十分重要。要预防好兔瘟、大肠杆菌、魏氏梭菌等烈性传染病，还要有针对性地进行预防性投药，防治感冒、传染性口炎等。

（七）防暑准备

做好夏季防暑的准备工作，也是春季管理工作内容之一。可在兔舍前种植一些藤蔓类植物，如丝瓜、葡萄、吊瓜、苦瓜等，也可在兔舍顶搭遮阳网等。

二、夏季饲养管理

夏季气温高、降雨多、湿度大，家兔汗腺又不发达，常受炎热影响而致食量减少，所以这个季节对家兔极为不利，尤其对仔兔、幼兔的威胁大。具体饲养管理应采取下述措施。

（一）防暑降温

夏季高温高湿，家兔因汗腺不发达，易受炎热气候影响而采食量下降，易导致家兔中暑。因此，夏季在饲养管理上应该通过改善环境、避阳遮光、加强通风、防暑降温。可在兔舍周围种植葡萄、果树及瓜类，室外搭建凉棚，以遮阳防暑；通过加强舍内通风、地面洒水（通风系统良好的兔舍）、每天清洗粪道和粪沟等措施降低舍内温度。

（二）加强营养

高温影响家兔采食，因此提高日粮营养水平十分必要。过去的营养学理论认为，炎热季节应降低能量，提高蛋白质水平；而现代动物学理论则认为，夏季采食量下降是因为炎热所致，而非日粮能量水平高，降低能量水平且采食量的降低会导致摄入能量更低，对动物生产的影响更大。提高蛋白质水平反而会因为摄入更多的粗蛋白在体内转化热增耗提高，而加重热应激的危害。夏季应适当提高家兔饲粮的能量水平，在增加人工合成必需氨基酸（赖氨酸、蛋氨酸、苏氨酸、色氨酸等）的前提下，适当降低饲粮的粗蛋白水平。建议通过添加油脂的方法提高能量水平，因为添加油脂能改善家兔的适口性，提高适口性是夏季保证家兔营养供给的一个重要措施。为改善适口性，必需注意选择适口性好、易消化、品质优良的饲料原料。

（三）合理饲喂

夏季白天天气炎热，家兔食欲不振、采食量少。因此，夏季饲喂要遵循"早餐早，午餐精而少，晚餐饱，半夜加喂草"的原则，多喂青饲料，供给充足饮水。并可时常在饮水中加入2%的食盐，以补充体内盐分的消耗。

（四）降低饲养密度

断奶后幼兔的饲养密度不宜过大，产箱内垫草不宜过多。

（五）缩短夏季不育期

入夏后，有条件的可将公兔安排在凉爽、通风的地方饲养，有利于种公兔的健康，保持良好的精液品质，提高配种受胎率，从而缩短夏季不育期。

（六）加强卫生及消毒管理

夏季，兔舍每天都要清扫，地面要用消毒药水喷洒；食（水）盆每天洗涤一次，用0.1%高锰酸钾水溶液清洗；笼内要勤打扫，并定期用消毒液（如3%～5%的来苏尔）喷洒消毒；搞好环境卫生，消灭蚊、蝇滋生地。

（七）预防性投药

夏季家兔消化道疾病及球虫病发病率高，因此要在饲料中适当拌入预防性药物（如氯苯胍、0.01%～0.02%的碘溶液等），也可适量拌入大蒜、洋葱等可减少消化道疾病发生。

三、秋季饲养管理

秋季秋高气爽，气候干燥，青绿饲料充足，营养丰富，是饲养家兔的好季节，是家兔繁殖和生长的好季节。但成年兔秋季又进入换毛期，换毛的家兔体弱，食欲减退；早晚温差大，容易引起仔兔、幼兔的感冒、肺炎和肠炎等疾病，严重的会造成死亡。秋季家兔饲养管理一般采取以下措施。

（一）抓好秋繁

经过炎热的夏季，公兔的精液品质和母兔的发情都会异常，由此而造成母兔的受胎率低（30%～60%），所以秋繁的关键问题是提高受胎率。为此，除保证优质青饲料供应外，提高种兔日粮的蛋白水平及质量十分重要，并可在种公兔日粮中适当添加动物性饲料原料以迅速改善其精液品质（关于缩短秋季不育恢复期的措施可参阅种公兔饲养管理一节）。管理上要注意补充光照；实行重复配种；及时进行妊娠诊断，及时补配等。

（二）加强营养

成年兔秋季进入换毛期，换毛的家兔体弱，食欲减退，应多供应青绿饲料，并适当提高饲料的蛋白质水平。

（三）整群

每年秋末冬初要对兔群进行整群，将生产性能差、体质弱、残次的个体挑选出来集中屠宰或短期优饲育肥后宰杀或销售，然后用火焰对兔舍、笼位、设备、器具等进行消毒。

（四）疫病预防

每年秋季要通过注射1次兔瘟、巴氏杆菌、波士杆菌、魏氏梭菌等疫苗来提高兔群的疫病免疫力，预防疫病。此期，早晚温差大，容易引起兔（尤其是仔、幼兔）的感冒、肺炎和肠炎等疾病，严重的会造成死亡，因此要做好保温工作。

（五）粗饲料和多汁饲料的贮存

秋季正值农作物副产品、树叶等粗饲料和胡萝卜等多汁饲料的收获季节，此时这些饲料的来源广、数量足、价格低，因此，应根据自身情况抓紧收集和贮存。

四、冬季饲养管理

冬季气温低，天气冷，日照短，青草缺，尤其是北方地区。家兔冬季的饲养应该注意以下几方面。

（一）防寒保温

防寒保温是冬季饲养管理的中心。为维持家兔正常的生理和生产活动，冬季兔舍温度应保持在10℃以上。舍饲养殖，舍内可安装暖气、生炉火、使用热风炉等措施来升温；通过堵塞风洞、门窗挂草帘等措施来保温。舍外开放式养兔，可采用搭建塑料暖棚、修建地下兔室等措施防寒。

（二）加强饲喂管理

冬季气温低，家兔能量消耗大，且夜长昼短，因此，除提高饲粮能量水平外应进行夜间补料；不论大小兔，冬季的日粮供给量要比其他季节增加25%～30%。冬季家兔以干饲料为主，为满足其对维生素的需要及维持其正常的消化生理活动，青绿多汁饲料不可缺少。切忌饲喂冰冻饲料，因此，饲喂多汁饲料时要千万注意。

（三）尽量抓冬繁

冬季气温低，不利于家兔繁殖，但冬季病原微生物和寄生虫较少，对繁殖有利。因此，只要做好保温，冬季仔兔成活率就可以提高。

（四）其他管理措施

在做好兔舍保温的前提下，注意兔舍的通风，天气温暖的中午，应打开门窗或排气扇，及时排出污浊空气，保持舍内空气新鲜；注意采光，白天多晒太阳，夜间严防贼风侵入。

第四节　肉兔育肥

快速育肥家兔已成为家兔高效生产的重要途径。肥育的原理，就是一方面增加营养的贮积，另一方面减少营养的消耗，以使同化作用在短期内大量地超过异化作用，这就是使食入的养分除了维持生命外还有大量营养贮积体内，形成肌肉与脂肪。肉兔育肥技术随着养兔科技的进步而不断发展和完善。

一、肉兔的育肥方式

家兔育肥方式可分为幼兔育肥（直接肥育）、中兔育肥（架子兔育肥）和成兔育肥（成瘦兔育肥）。直接育肥是指仔兔断奶后就开始育肥，经过 30～45 天饲养，体重达到 2.0～2.5 千克进行屠宰，幼兔育肥一般不去势；中兔育肥是指按常规饲养管理方法将兔饲养到一定日龄时再经过 30～45 天育肥饲养，到 90～120 日龄、体重达到 2.0～2.5 千克进行屠宰；成年兔育肥是指选留种兔过程中淘汰的成年兔经过短期育肥饲养，体重达到 2.0～2.5 千克进行屠宰。成年兔育肥，去势后可提高兔肉品质，提高育肥效果。家兔育肥通常多指商品肉兔的幼兔或中兔育肥，但用幼兔或中兔育肥，由因体积过小，为其皮、骨所限，反不如骨骼已经长成的瘦兔进行肥育的效果好。兔的育肥期的确定主要是依据品种本身的生长特点和商品兔收购要求，一般在 90～120 日龄、体重在 2.0～2.5 千克时屠宰较为理想，饲料效率也最高。

二、肉兔育肥的主要方法

（一）抓断奶体重

肉兔的育肥速度与其早期增长速度密切相关。断奶体重大，育肥期的增重就快，抵抗环境应激能力也强，成活率高；相反，断奶体重小，断奶后容易出毛病，增重也就慢。一般要求中型兔 30 天的断奶体重要 500 克以上，大型兔 600 克以上。为此，就要采取措施提高母兔泌乳力，同时要抓好仔兔补料关。生产中一般从 16 日龄开始补料，16～25 日龄仍以母乳喂养为主、补料为辅，25 日龄以后以补料为主、母乳为辅。仔兔补料所用饲料要营养丰富，容易消化，适当添加酶制剂、混合微生态制剂效果更好。

（二）过好断奶关

断奶会引起仔兔的过激反应，因此断奶的兔子直接进入育肥，易发生疾病，甚至死亡。引起断奶应激的原因有：① 生活习惯改变，由原来的母仔同笼突然到独立生活；② 食物结构改变，由原来的乳料结合转变为完全采食饲料；③ 生活环境改变，由原来的笼舍转移到其他陌生环境。仔兔从断奶向育肥的过渡非常关键，如果处理不好，会在断奶后 2 周左右增重缓慢，甚至停止生长或死亡。过好断奶关的措施有：断奶后最好原笼原窝饲养，即采取母走子留法断奶；育肥实行小群笼养，切不可一兔一笼，或打破窝别和年龄，实行大群饲养；断奶后 1 ~ 2 周内应饲喂断奶前的饲料，以后逐渐过渡到育肥料；预防腹泻是断奶仔兔疾病预防的重点，以微生态制剂强化仔兔肠道有益菌，对于控制消化功能紊乱非常有效。

（三）直接育肥

直接育肥是指仔兔断奶后就开始育肥，经过 30 ~ 45 天饲养，体重达到 2.0 ~ 2.5 千克进行屠宰。育肥期间应饲喂颗粒配合饲料来满足幼兔快速生长发育对营养的需求；营养水平为粗蛋白 16% ~ 18%，粗纤维 10% ~ 12%，消化能 10.47 兆焦/千克，钙 1.0% ~ 1.2%，磷 0.5% ~ 0.6%，并注意添加幼兔生长专用添加剂，满足育肥兔对维生素、微量元素及氨基酸的需要；除常规营养之外，还可选用一些高科技饲料添加剂（促生长药物添加剂、酶制剂、微生态制剂、寡糖、中草药添加剂等）。饲养方式采用自由采食，自动饮水。

（四）环境控制

育肥效果的好坏，较大程度上取决于为其提供的环境条件（温度、湿度、密度、通风和光照等）。温度对于肉兔的生长发育十分重要，育肥肉兔的温度最好 25℃ 左右。适宜的湿度不仅可以减少粉尘污染，保持舍内干燥，还能减少疾病发生，最适宜的湿度应控制在 55% ~ 60%。饲养密度应根据温度和通风条件而定，在良好的条件下，每平方米笼养面积可饲养育肥兔18只。我国农村多数兔场环境控制能力有限，饲养密度应控制在14～16只/米^2。育肥兔舍饲养密度过大，通风不良会造成舍内氨气浓度过大，影响增重，还容易诱发呼吸道等多种疾病。因此，育肥兔对通风换气的要求较为迫切。光照对家兔的生长和繁殖都有影响，育肥期实行弱光或黑暗，仅让兔子看到采食和饮水，能抑制性腺发育，延迟性成熟，促进生长，减少活动，避免咬斗，快速增重，提高饲料利用率。

（五）控制疾病

肉兔育肥期短，生长强度大，在有限的空间内基本上被剥夺了活动自由，对疾病的耐受性差。因此，降低发病、控制死亡是肉兔育肥的基本原则。肉兔育肥期易感染的主要疾病有球虫病、腹泻和肠炎、巴氏杆菌病及兔瘟。球虫病采取药物预防、加强饲养管理和搞好卫生相结合的方法积极预防；腹泻和肠炎应通过卫生（搞好环境卫生和饮食卫生、粪便堆积发酵）、饲料（重点是饲料配方中粗纤维含量的控制一般应控制在12%，在容易发生腹泻的兔场可增加到14%）和微生态制剂调控相结合，尽量不用或少用抗生素和化学药物，不用违禁药物；预防巴氏杆菌病，除搞好兔舍环境卫生、通风换气和加强饲养管理外，在疾病的多发季节应适时进行药物预防和免疫注射；定期注射兔瘟疫苗，一般断奶后（35～40日龄注射最好）每只皮下注射1毫升可保至出栏。对于兔瘟顽固性发生的兔场，最好在第一次注射20天后再强化免疫1次。

（六）适时出栏

育肥期长短因品种、季节、体重、日粮营养水平、环境因素和兔群表现等不同而有所不同。在目前我国饲养条件下，肉兔育肥从断奶至80～90日龄育肥期为50～60天。大型兔、配套系骨骼粗大、生长速度快，但出肉率低，出栏体重可适当大些，以最终体重达到2.5千克确定育肥期；中型品种骨骼细、肌肉丰满、产肉率高，出栏体重达2.25千克即可；淘汰兔以30天增重1.0～1.5千克为宜。

春、秋季节，青饲料充足，气温适宜，家兔生长较快，育肥效益高，可适当增大出栏体重；冬季，维持消耗的营养比例高，尽量缩短育肥期，达到最低出栏体重即可出售。

家兔育肥是在有限的空间内高密度养殖，育肥期患疾病的风险大，如果在此期发生传染病，应封闭兔场，禁止出入，严防病原微生物入侵。若此时育肥期基本结束，兔群已经基本达到出栏体重，为降低继续饲养的风险，可立即结束育肥。

第五节　肉兔的屠宰与产品初加工

一、肉兔的屠宰

（一）宰前准备

肉兔在屠宰前应进行严格的健康检查，无病的兔才用于屠宰。对于病兔或可疑病兔按肉品卫生检疫要求进行处理；屠宰前12小时要开始断食，只给饮水；保持屠宰及加工车间的整洁、卫生，对于出口兔肉产品，需要按国际卫生标准或注册卫生标准选用设备、肉兔规格、加工方法及产品质量检查。

（二）商品肉兔的屠宰规格

屠宰肉兔要求：健康无病，膘情良好，发育好；外貌上肩宽、背平、臀部丰满；体重2.0~3.0千克，4月龄以内。同时考虑毛皮质量时并要求：皮毛光泽性好，无污染。

（三）屠宰工艺流程及操作方法

肉兔屠宰的工艺流程包括：处死→放血→剥皮→除内脏→卫检→修整→初加工。

1. 处死

家兔的处死方法有3种，即电击昏法、颈部移位法和棒击法。

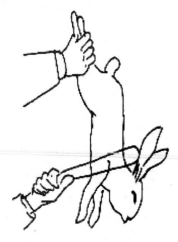

图 6－16　家兔棒击致死法

电击昏法又叫电麻法，一般采用电麻转盘击晕兔子，倒挂放血，主要用于规模化兔肉加工厂和专业化大型屠宰场；颈部移位法是用左手抓住家兔的两后肢，右手紧握兔两耳基部，两手向相反方向用力拉长兔的颈躯，然后用力将头颈向一方扭转，使其颈椎移位致死；棒击法是一手握住兔的两后肢或抓住兔的臀部，使兔倒吊，另一只手握木棒，突然重击兔的后脑，致兔在瞬间昏迷死亡（图 6－16）。

2. 放血

兔子处死后要立即放血，否则影响兔肉品质，贮藏时也易变质发臭。放血时将兔子倒吊在特制的金属挂钩上，或用细绳子拴住后肢倒吊起来。用锐刀切断颈部动脉和气管进行放血，一般放血 3～4 分钟，不低于 2 分钟。放血应充分，以保证肉质细嫩，色泽美观。否则使肉质发红，增加贮存困难。放血时要防止血乱溅，污染毛皮。

3. 剥皮

放血后就立即剥皮。专业加工厂一般多采用机械化、半机械化剥皮，一般养殖户则以袋剥法手工剥皮（图 6－17）。具体操作方法是：将处死放血后的兔右后肢用细绳拴起倒挂在柱子上，用利刀切开跗关节周围的皮肤，然后沿大腿内侧阴部平行挑开，将四周毛皮向外剥开翻转，用退套法逐渐剥下毛皮，最后抽出前肢，至耳根与头皮处割裂，即成毛朝里皮朝外的完整筒皮。在退皮的过程中，应注意不要损伤毛皮，不要挑破腿部和胸腹部的肌肉。

4. 去除内脏

先分开耻骨联合，然后从腹部沿正中线下刀开腹，再用刀旋割

图 6 - 17　家兔手工剥皮

肛门周围，切下下方胴体的链接，从喉头处切开气管和食管与胴体的连接，最后用手将胸腹腔内脏一起掏出。

5. 卫生检验

卫生检验有两方面内容，即检验胴体和检查内脏器官。胴体检验的主要目的是看其品质，合格胴体色泽正常、无毛、无血污、无粪物、无胆汁污、无杂质；内脏器官检查主要是观察其颜色、大小以及有无瘀血、充血、炎症、脓肿、肿瘤、结节、寄生虫及其他异常现象，尤其是检查蚓突和圆小囊上有无病变。

发现球虫病和仅限在内脏部位的豆状囊尾蚴、非黄疸型的黄脂肪不受限制。凡发现有结核、伪结核、巴氏杆菌病、野兔热、黏液瘤、黄疸、脓毒病、坏死杆菌病、李氏杆菌病、副伤寒、肿瘤和梅毒等疾病病变的要一律检出。

6. 胴体修整

胴体检验后，去掉病脏器，洗净脖血，从跗关节处截断后肢；用特制纸或海绵等擦去胴体表面血污和附毛以及腹腔内的血斑、残脂和污秽等，或用高压自来水喷淋，冲去血污、附毛，进入冷风道冷却沥水；修除体表和腹腔内表层脂肪、胴体内残余内脏、生殖器官、耻骨附近（肛门周围）腺体、胸腹腔内大血管、体表明显结缔组织和外伤、淋巴、颈部血肉等。

二、兔肉初加工

（一）胴体分级

按出口国际市场规格要求进行分级，以便包装。带骨胴体分级标准略。

（二）胴体分割

按部位分割兔胴体。颈部：最后一个颈椎处切下；前腿：肩胛骨的后缘处切断，沿脊椎骨中间切开分成两半；胸部：在第 10~11 肋骨间切断；腰部：腰荐结合处切断；后腿：分割剩余部分为后腿，沿荐椎中线切开，分成两只。

（三）剔骨

剔骨前先去掉肾脏和肾脂，先剔前肢，再剔肋骨和后肢，最后剔脊椎骨，剔骨时要求骨上不能带肉。不留骨渣、软骨，不要将肌肉块划伤。

（四）包装

带骨兔肉或分割肉应按不同等级和不同规格真空包装，如每袋净重 5.0 千克，每箱净重 20.0 千克等。装箱时应排列整齐、紧密。带骨胴体的两前肢尖端插入腹腔，用两侧腹肌覆盖；两后肢自然弯曲，兔背向外，头尾交叉排列，头部与箱壁有一定空隙。

（五）急冻和冷藏保鲜

装箱后的兔肉在 -28℃，相对湿度 90%，急冻 48~72 小时；以后在 -18℃，相对湿度 90% 的条件下冷藏保鲜，保藏期 6~12 个月。冷藏时兔肉应堆放成方形，地面垫木板厚 30 厘米，堆高 2.5~3 米。

为了保持肉质新鲜，防止冷藏过久影响肉质，应尽量缩短冷藏时间。

三、兔皮的处理与贮存

（一）鲜兔皮的整修与清理

从兔体上剥下的鲜皮，要及时切除头、四肢和兔尾等部分，并要用刮刀刮去皮板上的残肉、脂肪、血污、结缔组织和乳腺组织等（图6－18）。然后用利刀沿腹部中线剖开成"开片皮"。清理时要注意铺展皮张，刮残留物时用力要均衡，顺毛方向，以免损伤皮板。

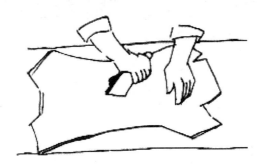

图6－18 手工刮油

（二）兔皮的防腐处理

不能及时出售的鲜皮要做防腐处理，目前，使用较多的是盐渍法。盐渍的具体操作方法：将剥下的片皮或筒皮按鲜皮重的25%～30%擦抹食盐，将皮板上均匀地抹上食盐，然后板面对板面堆叠放置24小时左右腌透，在地面铺一层白纸，将兔皮平铺在上面，板面朝上，用手抚平，置于通风阴凉处晾干后即可贮存（图6－19）。

食盐腌制的皮张，具有不易变质，不会皱缩，不长蝇蛆，皮板平顺等优点，但阴雨天易回潮，保管时需注意。

（三）兔皮的贮存保管

兔皮贮存要防皮板变质、防鼠、防蚁、防虫蛀。经过防腐处理的兔皮,按等级、大小、色泽等不同每 10 张为 1 捆捆扎,装入木箱或清洁的麻袋里,平放在通风、隔热、防潮、有足够光线的专门库房内贮存。库房地面最好为瓷砖或木地板。库房适宜的温度为 5 ~ 25℃,相对湿度应保持在 60% ~ 65%。为防止虫蛀,打捆时皮板上可撒施精苯酚或二氯化苯等。有条件的可以将兔皮鞣制(图 6 - 20)后保存。

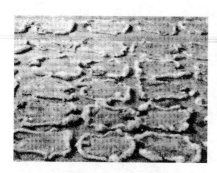

图 6 - 19　晾晒兔皮

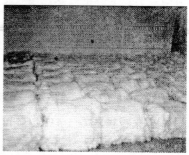

图 6 - 20　鞣制后的兔皮

第七章 规模化肉兔场兔病的综合防治

第一节 肉兔疾病发生的特点与综合防控措施

各种原因致家兔组织、器官或者整个机体损害，并表现一定临诊症状，称为发病。发病是机体与外界致病因素相互作用而产生的损伤与抗损伤的复杂斗争过程，过程中机体对环境的适应能力降低，家兔的生产能力下降。

一、肉兔发生疾病的特点

（一）肉兔发生疾病的主要原因

1. 内部致病因素

指家兔机体对外界致病因素的感受性和抵抗力。影响机体对致病因素的易感性和防御能力的因素较多，如机体的免疫状态、遗传特性、内分泌状态、年龄、性别和品种等。

2. 外界致病因素

（1）生物性致病因素　指细菌、病毒、真菌、螺旋体等各种病原微生物和寄生虫的感染。主要引起传染病、寄生虫病、某些中毒病和肿瘤等。

（2）化学性致病因素　指强酸、强碱、重金属盐类、农药、化学毒物、氨气、一氧化碳、硫化氢等化学物质的伤害。主要引起中毒性疾病。

（3）物理性致病因素　指炎热、寒冷、电流、光照、噪声、气压、湿度和放射线等物理因素的伤害。这类致病因素或直接致病，或对其他疾病发生起到推波助澜的作用。

（4）机械性致病因素　主要是指击打、碰撞、扭曲、刺戳等来自外界的机械力造成的挫伤、创伤、扭伤、关节脱位、骨折等外伤性疾病，同时，也有肿瘤、寄生虫、结石、毛球等异物对局部组织或器官造成的刺激、压迫及阻塞而导致对机体的损害。

（5）其他因素　机体正常生理和生产活动所需营养物质因供给不足或过量、机体内功能代谢调节物质产生不足或过多，也都能引起疾病。

（二）兔病发生的一般特点

家兔疾病的发生特点。

1. 抗病力差易患病

家兔个体小，抗病力差，易患病，治疗不及时死亡率较高。且因其个体经济价值较低，所以疾病的治疗成本相对高。因此，在生产中必须贯彻"以防为主、防重于治、养重于防"的疾病控制方针，同时要做到"及早发现、及时治疗"。

2. 消化道疾病发生率高

家兔腹壁肌肉较薄，且腹壁紧挨地面，易导致腹壁着凉而消化功能紊乱，引起腹泻。腹泻不及时治疗，可导致大肠杆菌病、魏氏梭菌病等的发生。因此，生产实践中，采取措施保持相对恒定的适宜温度对家兔十分重要。

3. 消化障碍性疾病发生率高

家兔是单胃草食动物，拥有同其他反刍动物瘤胃功能相似的盲肠，其中的微生物群系对维持家兔正常的消化功能十分重要，饲养管理不当造成盲肠内微生物菌群紊乱，导致消化障碍性疾病的发病率比较高。因此，在生产实践中，通过坚持"定时、定量、定质"饲喂、过渡性逐步换料、治疗慎用抗生素等饲养管理措施来维持盲肠内微生物群系相对恒定，可显著减少消化道疾病的发生。

4. 抗应激能力差

家兔的抗逆性及抗应激能力较差，诸多环境条件的变化都可能使其发病，如气候变化引起的温湿度变化、饲料配方调整和饲料原料的变化引起的饲料质量变化、饲喂量变化等都可能导致家兔发病。因此，在生产实践中，必须注意每个饲养管理环节，尽量避免饲养环境的突然变化对家兔造成的应激，以保障兔群健康。

5. 大小兔对环境温度要求有差别

小兔怕冷而大兔耐寒怕热。因此，幼龄兔要保持适宜的环境温度，而成年兔必须采取措施防止高温季节发生中暑现象。

二、肉兔疾病的综合防控措施

任何一种兔病的发生都会影响肉兔正常生产和养殖效益，尤其是危害最大的传染病、寄生虫病及群发病，往往是大批发生，发病率和死亡率很高，会给肉兔生产造成极大的经济损失。采取综合防控措施，防止疾病的发生对保证肉兔规模化生产十分重要。

（一）防控原则

兔病的防控原则是：以防为主、防重于治、养重于防。在实际生产中，从创造良好饲养环境入手，加强饲养管理，健全和完善免疫程序，提高家兔机体抵抗力；健全和完善卫生防疫制度，加强卫生管理，减少或杜绝病原微生物。

（二）综合防控措施

兔病的综合防控措施包括从选址、布局、建设到饲养管理、卫生管理、疾病预防的全过程，主要从以下几个方面考虑。

1. 创造良好养殖环境

创造良好的养殖环境，是规模化肉兔生产、兔病防控的重要环节。规模化肉兔养殖场建设，必须要科学选址、合理布局、规范建设，既要满足家兔的生理特性，又要符合饲养管理及卫生防疫要求。

2. 加强饲养管理

科学的饲养管理，可以从根本上增强兔群的抗病免疫能力，减少疾病发生。包括饲料的合理配制与科学饲喂、适时分群饲养、不同阶段及不同季节的科学管理等。

3. 坚持自繁自养

规模化肉兔养殖场要选择健康的优秀种公兔和母兔，自行繁殖仔兔，防止因引进兔源而带入兔病，造成疫病传播；有计划地引进新血统进行兔群的血统更换，防止近亲繁殖；利用杂种优势，提高兔群质量、抗病力、繁殖率和仔兔成活率，以降低养兔成本，提高经济效益。

4. 严格执行各项生物安全措施

（1）进入场区要消毒　规模化肉兔养殖场的场区、生产区入口及不同类型兔舍间，都要设置消毒池和紫外线消毒间，进场人员及车辆必须经过消毒方可进入。消毒池内的消毒液要经常更换并保持有效浓度。

（2）工作人员更换工作服并消毒方可进入生产区　兔场工作人员进入生产区时，必须更换工作衣、穿工作鞋及戴工作帽，并要经过消毒间消毒后方可进入。非饲养人员不经允许不得进入兔舍。工作人员出场时必须更换鞋帽衣，不得将工作期间使用的鞋帽衣带出生产区。

（3）禁止闲杂人员入场　规模化兔场原则上谢绝参观，禁止任何无关人员进入。外来人员确因工作需要必须进入时，一定按照本场工作人员要求执行，严格遵守消毒管理制度。兔场严禁兔产品商贩及其车辆和用具进入场区。

（4）不得串岗、串舍、串工具　兔场要做到人员和饲喂及清粪等用具的相对固定，工具编号发放，不准乱拿乱用。非万不得已，工作人员要避免串岗串舍，尤其是不同类型兔舍之间。

（5）净污道严格分开　规模化兔场从规划、建设到运行，必须做到净污道分开。净道供人员、饲料车、健康兔转群等使用，污道供出粪、清理污物及病死兔转移等使用。

（6）搞好清洁卫生 饲养人员必须注意个人卫生；兔笼、兔舍及周围环境要每天清理，经常保持清洁、干燥，创造适宜的温湿度、光照及空气环境，兔舍内无臭味、不刺眼；食槽、水槽及其他器具也要经常清理，保持清洁；定期消毒。

（7）禁止饲养犬、猫等动物 蚊、蝇、虻、蟀、蚤、鼠等昆虫或动物，是多种病原微生物的宿主和携带者，通过它们可以传播多种传染病和寄生虫病，必须采取措施加以消灭。犬、猫等动物，不仅容易传播多种疾病（如豆状囊尾蚴病、弓形虫病等），也容易造成家兔惊群，因此，应禁止饲养犬、猫等动物，确因需要必须饲养时要对其进行定期的检疫和驱虫，并要加强管理。

（8）发现病兔养兔场应采取的紧急措施 ① 发现可疑传染病时，必须及时隔离并尽快确诊治疗，本养兔场不能确诊时，应将病料送有关部门检验、确诊。② 确诊为传染病时，要迅速采取扑灭措施。首先根据传染病的种类，划定疫区和疫点，按照"早、快、严、小"的原则进行封锁，全场进行彻底消毒，对全部兔群进行检疫，病兔和可疑兔隔离治疗，专人管理，对健康兔群进行紧急预防接种，或应用抗生素及磺胺类药物进行预防。③ 被病兔污染的场地、兔舍、兔笼、产箱及用具等要彻底消毒，死兔、污染物、粪便、垫草及余料应烧毁或深埋。④ 发病兔场必须封锁，谢绝参观。待病兔治愈或全部处理完毕，全场经过严格的大消毒后两周再无疫情发生时，进行大消毒方可解除封锁。⑤ 传染病及可疑传染病病兔要坚决淘汰。兔毛、血水、内脏及污水等要集中深埋，药物消毒，肉要高温处理，严防扩大传染源。

（9）发生传染病兔群的特殊管理 一旦发生传染病，首先要封锁兔场，并立即仔细检查所有的家兔，以后每隔3天进行1次检查，根据检查结果，把家兔分成单独的兔群，区别对待。① 病兔处理：在彻底消毒的情况下，把有明显临床症状的家兔单独隔离在原来的场所，由专人饲养，严加护理和观察、治疗，固定所用工具，出入人员严格消毒。如果场内有少数的家兔患病，为迅速扑灭疫病，可以扑杀病兔。② 可疑病兔处理：症状不明显，但与病兔或其污染的环境有过接触的家兔，有可能处在潜伏期，并有排菌排毒的危险，应在消毒后另地看管，限制其活动，注意观察。有条件时可进行预防性治疗，出现症状时则按病兔处理。如果经过两周不发病者，可取消限制。③ 假定健康兔处理：无任何症状，一切正常，且与前两类兔没有明显接触，应分开饲养，必要时转移场地。

5. 实施严格的消毒制度

消毒是预防兔病的重要一环。其目的是消灭散布在外界环境中的病原体，中断传染病的发生。规模化肉兔养殖场要建立严格的消毒制度。消毒时，要根据病原的特性、被消毒的物体性能，合理选择消毒药物和方法。

（1）常用的消毒方法　兔场常用的消毒方法有物理和化学消毒法两种。

① 物理消毒法。是指应用机械、热、光、电、声和放射能等物理方法杀灭病原或使其失去感染性。其中，机械消毒法是通过清扫、洗刷、通风和滤过等方法，清除病原体和排泄物、分泌物等污染物；热消毒法是通过高热使病原体变性、凝固，达到灭活目的的一种消毒法，如火焰喷灯消毒用于笼具、产箱、地面及墙壁等的消毒，煮沸消毒、干热消毒、湿热消毒和高压消毒等可用于手术器材、医疗器械等的消毒；光消毒法是利用阳光和紫外光杀灭病原微生物的一种消毒方法，生产中紫外线消毒室常见，是将紫外线灯管安装在兔舍入口、通道、走廊及化验室等处，人员进出时停留，春、夏、秋季停留 5 分钟，冬季 8 分钟，可杀灭 92% ~99% 的微生物。

② 化学消毒法。是采用化学药物杀灭病原体的一种消毒方法，操作方法包括熏蒸法、浸泡法及喷洒或喷雾法 3 种。其中，熏蒸消毒法是通过加热，使化学药物蒸发为气雾，起到对环境空间的消毒作用，常用于兔舍及仓库等房间空间的消毒。最常用的是甲醛熏蒸，即封闭需要消毒的房间，按每立方米空间用福尔马林 25 毫升，水 12.5 毫升，两者混合后置于容器内，再放入高锰酸钾 25 克，便会立即产生烟雾（或将甲醛＋水放入容器中置于火炉或电炉上加热产生气雾），密闭消毒 24 小时，然后打开门窗通风透气，需要停留 1 天

后再放入家兔；浸泡消毒法是将食槽水槽、饲喂用具及器械等浸入消毒药水中一定时间；喷洒或喷雾消毒是用喷洒的方式将消毒液喷洒在所要消毒的兔舍地面、墙壁及用具上，其中喷雾消毒法常用于兔舍的消毒，喷雾消毒常用的化学药物：0.15%新洁尔灭溶液（兔舍）和0.05%洗必泰水溶液（兔舍、场地、仓库及工作室）等。

（2）常用的消毒剂　常用于消毒的化学药物有：37%～40%甲醛水溶液可用于熏蒸消毒，2%～4%水溶液浸泡器械，也可消毒兔舍、兔笼、地面、墙壁、饲槽及用具等；3%来苏尔溶液可用于兔舍、地面、墙壁、污染物及运动场地的消毒；0.3%～1%的复合酚类（农福、农禾、菌毒敌、毒菌净等）水溶液可用于兔舍、兔笼、用具、运动场地、运输车辆及兔的排泄物、分泌物的消毒；2%～4%氢氧化钠（苛性钠、烧碱）热溶液可用于兔舍、水泥地面、木制器具、陶瓷用具、养兔场入口处及运输工具的消毒（对金属制品有腐蚀性，对动物及人的皮肤和黏膜有损害，使用时要主意）；10%～20%生石灰可用于地面、墙壁、围栏、粪池及污水沟的消毒；30%草木灰水溶液（草木灰20千克加水100升煮沸，过滤后即成）常用于洗刷兔舍的地面、墙壁及饲养管理用具等；10%～20%漂白粉乳剂常用于兔舍、地面、墙壁、运输工具、排泄物及分泌物的消毒，3%漂白粉澄清液可用于食槽、饮水器及其他非金属用品的消毒；过氧乙酸（国产过氧乙酸制品分甲液与乙液，配制时取甲液2份和乙液3份混合过夜，再配成1∶20的浓度）常用于兔舍喷雾消毒及室内空气消毒，也可用于地面、墙壁、通道、食槽、饮水槽、兔笼及用具的消毒，耐酸的塑料制品、玻璃、搪瓷、橡胶制品及其用具等可用此液浸泡消毒。

（3）加强不同场所和场合的消毒

① 场区、生产区及兔舍出入口的消毒。出入口的消毒池内常用2%～4%的火碱（氢氧化钠）溶液，可用麻袋片或木锯末填充池内，对来往运输工具进行消毒，但要注意本品对金属制品有腐蚀性，对动物和人的皮肤黏膜有损害，使用时要注意。场外的车辆、用具不准进场。出售家兔在场外进行。消毒室内应设有紫外线灯管，出入

场区或兔舍时，在紫外线灯光下照射 8～10 分钟，以消灭入场人员身体携带的微生物。

②运动场地面及场区环境的消毒。预防性消毒时，可将表层土铲去 3 厘米左右，喷洒消毒液，垫上新土夯实；紧急消毒时，首先要在地面上喷洒对病原体有强烈作用的消毒剂，2～3 小时后，铲去表土 10 厘米以上，再喷洒消毒液，垫上新土夯实后再喷洒消毒药，经 5～7 天，可重新放入家兔；场区环境要定期或不定期消毒，每2～3 个月通过喷洒消毒药进行 1 次常规性预防消毒。兔群不稳定时要加强场区环境的消毒，每周 1 次。场地及环境消毒常用的消毒剂有：2% 热氢氧化钠溶液、10%～20% 新生石灰水、20%～30% 草木灰水、5%～20% 漂白粉溶液、4% 热碳酸钠溶液、0.5%～5% 氯胺-T溶液、0.05% 百毒杀溶液、5% 来苏尔溶液、1%～3% 农福溶液、3%～5% 臭药水、2.5%～10% 优氯净溶液、0.8%～1.6% 甲醛溶液、0.5% 过氧乙酸溶液等。

③兔舍的消毒。每天对空栏兔舍应彻底清除余料、垫料、粪便等污物，打扫干净，用水冲洗，干燥，消毒。空兔舍的消毒采用"喷雾 + 熏蒸消毒"。首先选择 2% 的热氢氧化钠溶液、或 10%～20% 新生石灰水、或 20%～30% 的新草木灰水、或 5%～20% 漂白粉溶液、或 4% 热碳酸钠溶液、或 0.5%～5% 氯胺-T 溶液或 0.05% 百毒杀溶液等对兔舍的地面、墙壁、笼具、用具等进行喷雾或喷洒消毒，然后封闭门窗及通风口，再用甲醛溶液熏蒸 36～48 小时，打开门窗通风 24 小时，即可重新放入家兔。兔舍带兔消毒，应选用无毒无害而又能消灭病原微生物的消毒药，如碘制剂（速效碘、碘王）、过氧乙酸、百毒杀、消毒净等，每周消毒 1～2 次。为避免长期应用一种消毒药病原体产生耐药性，最好选用 2～3 种药液交替使用。

④兔笼及用具消毒。清除污物，净水清洗，晾干，化学药物消毒。金属用具可用 0.1% 新洁尔灭溶液、或 0.1% 洗必泰溶液、或0.1% 消毒净溶液或 0.5% 过氧乙酸溶液等喷洒、喷雾或浸泡消毒；木制器具可用 0.1% 新洁尔灭溶液、或 0.1% 消毒净溶液、或 1%～3% 热氢氧化钠溶液、或 5%～10% 漂白粉溶液、或 0.5% 过氧乙酸溶

液、或 0.03%百毒杀溶液或 0.5%度米芬溶液等喷洒、喷雾或浸泡消毒。兔笼、产箱等耐火焰的用具用火焰消毒；水槽、食槽等小物品也可用浸泡和开水煮沸消毒。

⑤ 仓库消毒。每半年 1 次对仓库进行消毒。仓库消毒常采用 5%过氧乙酸溶液或 40%甲醛溶液熏蒸消毒。

⑥ 医疗器械消毒。医疗器械随时用完随时消毒。医疗器械常用煮沸或高温高压蒸汽消毒，也可用 0.1%新洁尔灭溶液、或 0.1%洗必泰溶液、或 0.1%度米芬溶液或 0.05%消毒宁溶液（加 0.5%的亚硝酸钠）等浸泡。

⑦ 工作服帽及手套消毒。用肥皂或洗衣粉（洗衣液）清洗干净，通过煮沸或高温高压蒸汽消毒。

⑧ 粪尿和污物消毒。兔的粪尿污物要通过堆积、生物发酵或沼气厌氧发酵等方法进行处理，熟化后作为农家肥使用；病、死兔尸及严重污染物多通过焚烧、掩埋或生物发酵等方法处理，掩埋时喷洒消毒药水进行消毒后再掩埋。

⑨ 兔场发生传染病时的消毒。兔场发生传染病时，病兔的分泌物、排泄物和被病兔粪尿、血液污染的土壤、场地、兔舍、兔笼、用具和饲管人员的衣服、鞋、帽等都要进行彻底清理和消毒。兔舍、兔笼、用具及环境每 3 日消毒 1 次，当传染病扑灭后或解除封锁前，要进行终末的彻底消毒，消毒方法参照有关章节。

6. 制定并有效实施科学合理的免疫程序

免疫接种是预防和控制家兔疫病的重要措施。免疫接种是指有目的、有计划、按程序将疫苗等注入家兔体内，刺激机体产生特异性抗体而具备特异性抵抗力，以避免兔群传染病的发生或降低传染病对兔群的危害程度。制定科学合理的免疫程序，严格进行免疫接种，是兔群健康和兔场安全的重要保证。

（1）免疫接种的类型　根据目的的不同，家兔的免疫接种可分为预防接种和紧急接种。① 预防接种是有计划、按程序地给健康兔群进行免疫接种，一种防患于未然的主动预防免疫方式。② 紧急接种是兔场发生传染病后，为迅速控制疫情发展和扑灭疫病的流行而对

肉兔标准化规模养殖技术

疫区和受威胁区域未发病的兔群进行紧急的免疫接种，这种免疫方式是一种迫不得已的免疫方式。实践证明，在疫区内使用魏氏梭菌病、兔瘟、巴氏杆菌病、支气管败血波氏杆菌病等疫苗进行紧急注射，对控制和扑灭疫病具有明显效果。紧急接种除使用疫苗外，也使用高免血清，免疫血清安全有效但用量大、价格高、免疫期短，一般难以满足大群使用，因此生产中较少使用。

（2）肉兔常用疫苗　肉兔用疫苗种类较多（表7-1）。

表7-1　家兔常用疫苗的种类及其使用方法

疫苗名称	预防疾病	使用方法	免疫期限
兔瘟灭活苗	兔瘟	30~35日龄初免，皮下注射2毫升；60~65日龄二免，1毫升皮下注射；以后每5.5~6个月免疫1次	接种5天左右产生免疫力，免疫维持6个月
巴氏杆菌病灭活苗	巴氏杆菌病	仔兔断奶时皮下注射1毫升，每年注射3次	接种7天后产生免疫力，免疫维持4~6个月
波氏杆菌病灭活苗	波氏杆菌病	母兔配种时注射、仔兔断奶前1周注射，以后每6个月1次，皮下注射1毫升。	接种7天后产生免疫力，免疫维持6个月
魏氏梭菌（A型）病灭活苗	魏氏梭菌性肠炎	仔兔断奶后即皮下注射2毫升，每年注射2次	接种7天后产生免疫力，免疫维持6个月
伪结核耶新氏杆菌病灭活苗	伪结核病	30日龄以上的兔皮下注射1毫升，每年注射2次	接种7天后产生免疫力，免疫维持6个月
大肠杆菌病多价灭活苗	大肠杆菌病	仔兔20日龄进行首免，皮下注射1毫升；待仔兔断奶后再免疫1次，皮下注射2毫升，每年注射2次	接种7天后产生免疫力，免疫维持6个月
沙门氏杆菌病灭活苗	沙门氏菌病（下痢和流产）	妊娠初期和30日龄以上的兔皮下注射1毫升，每年注射2次	接种7天后产生免疫力，免疫维持6个月
克雷伯氏病疫苗	克雷伯氏菌病	20日龄首免，皮下注射1毫升；断奶后再免疫1次，皮下注射2毫升，每年注射2次	接种7天后产生免疫力，免疫维持6个月
葡萄球菌病灭活苗	葡萄球菌病	皮下注射2毫升	接种7天后产生免疫力，免疫维持6个月

（续表）

疫苗名称	预防疾病	使用方法	免疫期限
呼吸道病二联苗	巴氏杆菌病、波氏杆菌病	妊娠初期和 30 日龄以上的兔皮下注射 2 毫升，每年注射 2 次	接种 7 天后产生免疫力，免疫维持 6 个月
兔瘟-巴氏杆菌病-魏氏梭菌病三联苗	兔瘟、巴氏杆菌病、魏氏梭菌病	青年兔、成年兔每兔皮下注射 2 毫升，每年注射 2 次	接种 7 天后产生免疫力，免疫维持 6 个月

（3）免疫程序　每个规模化兔场都要依据国家有关规定，结合本地兔病流行最新情况和本场兔群的实际情况，制定科学合理的免疫程序并严格实施，才能保证免疫效果。现成的免疫程序只能作为参考，不能生搬硬套，而且合理的免疫程序是在生产中不断健全和完善，并非一成不变。下面推荐的家兔常用疫苗免疫程序（表 7 - 2）可供参考。

表 7 - 2　家兔免疫程序（推荐）

序号	免疫日龄	疫苗种类	免疫途径及剂量
1	20 ~ 25	大肠杆菌病多价灭活疫苗	颈部皮下注射 2 毫升
2	30 ~ 35	巴氏杆菌 + 波氏杆菌病二联灭活疫苗	颈部皮下注射 2 毫升
3	35 ~ 40	兔瘟 + 巴氏杆菌病二联灭活疫苗	颈部皮下注射 2 毫升
4	40 ~ 45	兔瘟灭活疫苗	颈部皮下注射 2 毫升
5	50 ~ 55	魏氏梭菌病灭活疫苗	颈部皮下注射 2 毫升
6	60 ~ 65	兔瘟灭活疫苗	颈部皮下注射 1 毫升
7	60 ~ 65	兔瘟 + 巴氏杆菌病二联灭活疫苗	颈部皮下注射 1 毫升
8	75	兔瘟灭活疫苗加强免疫	颈部皮下注射 2 毫升

说明：

1. 表中所列系生长兔和后备种兔常用疫苗的免疫程序。

2. 种兔群要进行定期的免疫接种，免疫时各种疫苗的免疫间隔时间最少为 5 ~ 7 天。种兔定期接种的疫苗包括：兔瘟灭活苗和魏氏梭菌（A 型）病灭活疫苗，每年 2 次皮下注射 2 毫升。

3. 免疫注意事项

① 疫苗来源可靠。选用正规厂家生产的疫苗，严禁使用无批号产品。

② 认真检查疫苗瓶并详细阅读说明书。了解生产日期、有效期限、用法用量等，同时要详细检查疫苗瓶有无破损、瓶盖有无松动和渗漏，严禁使用瓶或盖有问题的疫苗。

③ 严格控制剂量。疫苗要严格按规定剂量注射，不得随意增加或减少剂量。

④ 注射用具的使用和消毒。规模化兔场可采用连续性注射器注射疫苗，以提高注射效率；用于预防接种的注射针头根据兔群大小可以每注射一定数量换一个，用于紧急接种或疫区使用的注射针头要一兔一换针头；使用完毕的注射用具和针头要及时进行清洗，并经过 15～30 分钟的煮沸或高压蒸汽消毒后备下次用。

⑤ 保持疫苗均匀。疫苗使用前及使用过程中，要时刻摇动，以保持疫苗均匀。

⑥ 疫苗保存。疫苗要按说明要求的温度和环境保存，开瓶疫苗当天用完，当天剩余部分必须废弃。

⑦ 防止漏免。疫苗免疫注射必须认真，按合理方向逐只抓兔免疫，防止漏免。

⑧ 不能自行联合。非联合疫苗必须单独注射，不得自行联合，每种疫苗免疫间隔时间为 7 天左右。

⑨ 空疫苗瓶的处理。使用过的疫苗空瓶不能随意丢弃，要集中进行无害化处理。

⑩ 妊娠母兔的免疫。妊娠母兔免疫尽量错开妊娠后期的产前时段，防止抓兔导致的流产。

⑪ 建立免疫台账，做好免疫记录。以便计划下次免疫日期及需要的时候查找免疫记录。

7. 合理的药物预防及驱虫保健

兔群定期或不定期的预防性投药和驱虫，是保证兔群健康、预防和控制兔病的重要措施之一，尤其在某些疫病流行季节流行之前或流行初期，应用安全、价廉、有效的药物加入饲料、饮水进行群体预防和治疗，效果明显。投药时，不能长时间连续用药，也不能长期使用单一品种药物。有条件时，可在用药前进行药敏试验，正确选择药物。

第二节　肉兔疾病的诊疗技术

一、兔病诊断技术

兔病诊断通常包括临床、流行病学、病理学和实验室诊断 4 个方法。

（一）临床诊断

临床诊断是兔病诊断过程中最常用也是首先采用的诊断方法。检查者亲临现场，利用视觉、嗅觉、听觉、触觉等感观，并借助一些简单的诊疗器具（体温表、听诊器等）直接对病兔进行检查，通过问、视、触、听、扣、嗅等基本方法对兔病做出初步诊断，尤其是对具有特征性症状表现的典型病例，临床诊断的确诊程度较高。

（二）流行病学诊断

流行病学诊断是诊断家兔传染病和寄生虫病的重要环节，是检查者通过问诊、座谈、查阅病历、现场观察和临床检查等方式取得第一手资料而做出诊断。

（三）病理学诊断

病理学诊断是兔病诊断的一个重要环节，是在通过临床诊断尚不能确诊时，对病兔或尸体进行解剖，观察内脏器官和组织病变，确定疾病所在的部位、性质，再根据剖检特点，结合临床症状、流行病学特点，对疾病进行进一步的明确诊断。病例诊断也可看做是为兔病诊断提供依据。剖检最好在专门的剖检室（或兽医室）进行，以便于消毒和清洗。如现场剖检，应选择远离兔舍和水源的场所进行。

（四）实验室诊断

实验室诊断就是在实验室，利用各种仪器设备，对来自病兔的各种病料进行检查或检测，通过检查和检测结果的分析对疾病做出客观和准确的判断。对于通过临床症状和剖检也难以确诊的疾病，需要进一步做实验室诊断。实验室检查的内容较多，对普通病一般只做常规检查和检测；对于某些传染病和寄生虫病，则应做病原检查；怀疑是中毒性疾病时，可进行毒物检测。

根据流行病学调查、临床检查、病理剖检、实验室检测等资料和情况，进行综合分析后最终做出明确的诊断结果。再根据诊断结果，选择相应的治疗药物和方法，以治愈疾病，并要针对本次发病情况制定方案，做好今后的兔病预防工作。

总之，兔病诊断是比较复杂的过程，除了解基本的诊断方法、掌握诊断技巧外，更重要的是要具有丰富的兽医、畜牧知识和实践经验，同时具备在众多信息中敏锐找出主要矛盾的能力。在兔病实际诊断时，要善于抓住特征性的临床表现、流行特点或病理变化等，才能迅速做出较为准确的诊断。

二、兔病的治疗方法

对兔进行疾病治疗时，一般要经过捕捉、搬运、保定及给药等几个过程，正确掌握操作方法，不仅对兔病治疗十分重要，而且可以避免因为操作不当给兔带来伤害。

（一）家兔的捕捉与保定

家兔虽然是小动物，性情温和，但它胆小怕惊，行动敏捷，加之被毛光滑，在捕捉、搬运和保定时会挣扎，若方法不当，会对兔造成不必要的损伤还会被兔抓伤或咬伤。

1. 家兔的捕捉方法

家兔的疾病诊断与治疗以及母兔的发情鉴定、受精与妊娠检查等，均需要捕捉家兔，熟练掌握家兔的捕捉方法十分重要。详见本书有关章节。

2. 家兔的徒手搬运

以一手大把抓住两耳和颈肩部皮肤，虎口方向与兔头方向一致，将兔头置于另一手臂与身体之间，上臂与前臂成90°角夹住兔体，手置于兔的股后部，以支持兔的体重（图7-1）。搬运中应遮住兔眼，以减少兔的不适感和安定性。

3. 家兔的保定

家兔的保定方法分为徒手保定、器械保定和化学保定3种。

图 7 - 1　家兔徒手搬运

（1）徒手保定　指只用手来保定家兔。方法有二：其一是一手将两耳连同颈肩部皮肤大把抓起，另一手托起或抓住臀部皮肤和尾部并使腹部向上或朝前即可（图 7 - 2），该法适用于眼、腹部、乳房、四肢等疾病的诊治及口、鼻采样等操作；其二是保定者抓住兔两耳及其与后颈部相连处的颈皮，将其放在检查台或桌子上，两手抱住兔头，拇指和食指固定住兔头，其余三指按住兔的前肢，即可达到保定的目的（图 7 - 3），本法适用于静脉注射、采血等操作。

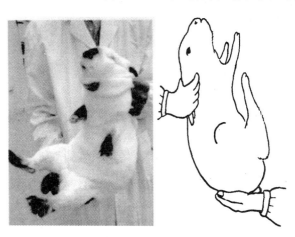

图 7 - 2　家兔徒手保定方法一

图 7 - 3　家兔徒手保定方法二

（2）器械保定　指借助器械或工具等保定家兔。主要方法如下。

包布保定：用边长 1 米的正方形或正三角形包布，其中一角缝上两根 30 ~ 40 厘米长的带子，把包布展开，将兔置于包布中心，把包布折起，包裹兔体，露出兔耳及头部，最后用袋子围绕兔体并打结固定。适用于耳静脉注射、经口给药或胃管灌药。

手术台保定：将兔四肢分开，仰卧于手术台上，然后分别固定头和四肢（图 7 - 4）。目前，市面上销售有定型小型动物手术台。适于兔的阉割、乳房疾病治疗及腹部手术等。

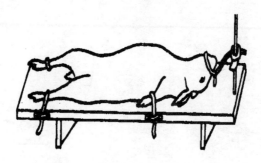

图 7 - 4　家兔的手术台保定方法

保定桶、保定盒及保定箱保定：保定桶分桶身和前套两个部分，将兔从桶身后部塞入，当兔头在桶身前部缺口处露出时，迅速抓住两耳，随即将前套推进桶身，两者合拢卡住兔颈（图7-5）；保定（图7-6）盒保定是把保定盒的后盖打开后，将兔头向内放入，待兔头从前端内套中伸出后，调节内套使之正好卡住兔头使之不能缩回桶内即可，装好以后盖住后盖；保定箱分箱体和箱盖两部分，箱盖上挖有一个半圆形缺口，将兔放入箱内，拉出兔头，盖上箱盖，使兔头卡在箱外。适用于头部疾病诊疗、耳静脉注射、内服灌药等操作。

图7-5　保定桶保定方法

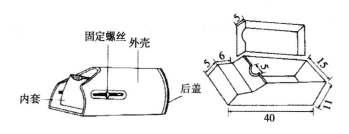

图7-6　保定桶结构与规格（单位：厘米）

（3）化学保定法　指应用静松灵、戊巴比妥钠等镇静剂和肌肉松弛剂，使家兔安静、无力挣扎而达到保定的目的。化学药物的使用剂量一定严格按规定说明使用。

（二）家兔的给药技术

家兔给药途径和方法的不同，直接影响药物作用和疗效快慢，也有可能改变药物的基本作用。不同疾病、病情程度及药物性质不同，都需要不同的给药途径和方法。

1. 口服给药

优点是：操作简单，使用方便，适用于多种药物，尤其是治疗消化道疾病；缺点是：药物易受胃、肠内环境的影响，药量难以掌握，药效慢，吸收不完全，有些药还会刺激家兔胃肠道，容易造成家兔的不适。口服给药的方法有自行采食、投服、灌服、胃管投服4种方法。其中，自行采食法适用于毒性小、适口性好、无不良异味的药物，主要用于患病较轻、尚有食欲的患病兔群。按要求比例将药物均匀地混合于饲料或饮水中（混水药必须易溶于水），让兔自由采食或自由饮水。多用于整个兔群的预防性和治疗性给药及驱虫药的投药；投服法适用于患兔食欲废绝及使用药物剂量小、有异味的片、丸剂药物；灌服法适用于患兔食欲废绝及药量小、有异味的药物及液体性药剂；胃管投药适用于患兔食欲废绝及使用异味、毒性大的药物。

2. 直肠给药

通常称之为灌肠。当发生便秘、毛球病等，内服给药效果不好时，采用直肠内灌注法。将药液加热至接近体温，将患兔侧卧保定，后躯抬高，用涂有润滑油的橡胶管或塑料管，经肛门插入直肠8～10厘米深，用注射器注入药液，捏住肛门，停留5～10分钟然后放开，让其自由排便。

3. 注射给药

注射给药吸收快、起效快、药量准、安全、节省药物，但需要掌握操作技巧、把握药品质量及搞好消毒。常用的注射给药方法因注射部位不同分为皮下、皮内、肌肉、静脉、腹腔内和气管内注射等几种。

其中，皮下注射主要用于疫苗和无刺激性药物的注射，一般选择颈部，局部剪毛，用70%酒精棉球或2%碘酒（碘酊）棉球消毒，左手拇指、食指和中指捏起皮肤呈三角形，右手如执笔状持注射器斜向刺入，缓缓注入药液；皮内注射多用于过敏试验及诊断等，通常在腰部和胘部，局部剪毛消毒后，将皮肤展平，针头与皮肤呈30°角刺入真皮，缓慢注射药液；肌肉注射可注射多种药物，但强刺激剂（如氯化钙等）不能肌肉注射，通常选在臀肌和大腿内、外侧肌肉丰满的地方，局部剪毛消毒后，针头垂直于皮肤迅速刺入一定深度，回抽无回血后，缓缓注入药液；静脉注射多用于刺激性强、不宜做皮下或肌肉注射的药物，也多用于补液，多取耳外缘静脉进行；腹腔内注射多在静脉注射困难或患兔心力衰竭时需要补液时选用，一般选在脐后部腹底壁，偏腹中线左侧3厘米处，剪毛消毒后，抬高兔后躯，对着脊柱方向、针头呈60°刺入腹腔，回抽注射器不见气体、液体、血液及肠内容物后注药；气管内注射适用于治疗气管、肺部疾病及肺部驱虫等，在颈上1/3下界正中线上，剪毛消毒，垂直刺针，刺入气管后阻力消失，回抽有气体，然后慢慢注药。

4. 外用给药

主要用于家兔组织或器官外伤、患疾的处理以及体表消毒和体表寄生虫的杀灭。外用药主要有点眼、洗涤、涂擦、浇泼4种方法。

其中，点眼用于家兔患眼疾需要治疗或进行眼球检查；洗涤用于清洗眼结膜、鼻及口腔等部的黏膜、污染物或感染创的创面等；涂擦用于局部感染和疥癣等的治疗；浇泼主要用于杀灭体表寄生虫。外用给药应防止经体表吸收引起中毒。尤其大面积用药时，应特别注意药物的毒性、湿度、用量、浓度和作用时间，必要时可分片分次用药。

（三）用药剂量

家兔用药剂量可参考人用剂量按体重计算来确定。家兔体重约为成人体重的1/20，其理论用药量也应是人用药量的1/20，但家兔是草食动物，实际口服药物的剂量应适当大一些，一般按成年人口服药量的1/6～1/3。同一药物因给药方法不同，药物被吸收的速度也不同，因此给药剂量也要有所不同，不同给药方法的用药量可以按"口服：灌肠：皮下注射：肌肉注射：静脉注射 = 1：1.5：(1/3~1/2)：(1/4~1/3)：1/4"大致比例给药。

三、无公害肉兔饲养兽药使用准则

① 使用疫苗预防肉兔疾病，所用疫苗应符合《中华人民共和国兽用生物制品质量标准》的规定。

② 使用消毒防腐剂对饲养环境、兔舍和器具进行消毒，应符合 NY 5133 的规定。

③ 使用符合《中华人民共和国兽药典》二部和《中华人民共和国兽药规范》二部中收载的适用于肉兔疾病预防和治疗的中药材和中药成方制剂。

④ 使用符合《中华人民共和国兽药典》、《中华人民共和国兽药规范》、《兽药质量标准》和《进口兽药质量标准》规定的钙、磷、硒、钾等补充药，酸碱平衡药，体液补充药，电解质补充药，营养药，血容量补充药，抗贫血药，维生素类药，吸附药，泻药，润滑剂，酸化剂，局部止血药，收敛药和助消化药。

⑤ 使用国家畜牧兽医行政管理部门批准的微生态制剂。

⑥ 使用表 7-3 中所列药物，但应严格遵守规定的作用与用途、用法用量，并应严格遵守规定的休药期。

表 7-3　肉兔饲养允许使用的抗菌药、抗寄生虫药

药品名称	作用与用途	用法与用量 （用量以有效成分计）	休药期/天
注射用氨苄西林钠	抗生素类药，用于治疗青霉素敏感的革兰氏阳性菌和革兰氏阴性菌感染	皮下注射，25 毫克/千克体重，2 次/天	不少于 14
注射用盐酸土霉素	抗生素类药，用于革兰氏阳性、阴性细菌和支原体感染	肌肉注射，15 毫克/千克体重，2 次/天	不少于 14
注射用硫酸链霉素	抗生素类药，用于革兰氏阴性菌和结核杆菌感染	肌肉注射，50 毫克/千克体重，1 次/天	不少于 14
硫酸庆大霉素注射液	抗生素类药，用于革兰氏阴性和阳性细菌感染	肌肉注射，4 毫克/千克体重，1 次/天	不少于 14

（续表）

药品名称	作用与用途	用法与用量（用量以有效成分计）	休药期/天
硫酸新霉素可溶性粉	抗生素类药，用于革兰氏阴性菌所致的胃肠道感染	饮水，200~800 毫克/升	不少于 14
注射用硫酸卡那霉素	抗生素类药，用于败血症和泌尿道、呼吸道感染	肌肉注射，一次量，15 毫克/千克体重，2 次/天	不少于 14
恩诺沙星注射液	抗菌药，用于防治兔的细菌性疾病	肌肉注射，一次量，2.5 毫克/千克体重，1~2 次/天，连用 2~3 天	不少于 14
替米考星注射液	抗菌药，用于兔呼吸道疾病	皮下注射，一次量，10 毫克/千克体重	不少于 14
黄霉素预混剂	抗生素类药，用于促进兔生长	混饲，2~4 克/吨饲料	0
盐酸氯苯胍片	抗寄生虫药，用于预防兔球虫病	内服，一次量，10~15 毫克/千克体重	7
盐酸氯苯胍预混剂	抗寄生虫药，用于预防兔球虫病	混饲，100~250 克/吨饲料	7
拉沙洛西钠预混剂	抗寄生虫药，用于预防兔球虫病	混饲，113 克/吨饲料	不少于 14
伊维菌素注射液	抗生素类药，对线虫、昆虫和螨均有驱杀作用，用于治疗兔胃肠道各种寄生虫病和兔螨病	皮下注射，200~400 微克/千克体重	28
地克珠利预混剂	抗寄生虫药，用于预防兔球虫病	混饲，2~5 毫克/吨饲料	不少于 14

⑦ 建立并妥善保存肉兔的免疫程序、患病与治疗记录，包括患病肉兔的畜号或其他标志、发病时间及症状，所用疫苗的品种、剂量和生产厂家，治疗用药的名称（商品名及有效成分）、治疗经过、治疗时间、疗程及停药时间等。

⑧ 禁止使用未经国家畜牧兽医行政管理部门批准或已经淘汰的兽药。

⑨ 禁止使用《食品动物禁用的兽药及其他化合物清单》（见附录二）中的药物及其他化合物。

第三节 肉兔常见病防治技术

一、常见病毒病的防控

(一) 兔瘟

兔瘟是兔病毒性出血症的俗称，是由家兔病毒性出血症病毒引起的一种急性、高接触性、高致死性传染病。主要危害3月龄以上青年兔和成年兔，是危害世界养兔业的主要传染病之一。病毒性出血症病毒能凝集任何血型人的红细胞（特别是O型红细胞）。

本病的自然感染只发生于家兔。3月龄以上的青壮年兔和成兔发病率为70%以上，死亡率100%，3月龄以下的断奶幼兔发病率近年来呈增高趋势，哺乳仔兔一般不发病；性别间易感性无明显差异；四季均可发生，但春、秋两季更易流行；新疫区比老疫区病兔死亡率高。病兔、隐性感染兔和康复兔是主要的传染源，被病毒污染的饲料、饮水以及配种和人员等是重要的传播媒介，本病可经直接接触、交配、皮肤破伤以及消化道或呼吸道而感染。

临床上分为最急性型、急性型和慢性型3类，其临床症状各不相同。

① 最急性型：多见于流行初期或非疫区感染的幼兔、青年兔和成年兔。健康兔感染病毒后10~20小时突然死亡，死前无明显临床表现（有的正在吃食或衔着草而突然死亡）或仅表现为短暂的兴奋；死亡多出现于夜间，死亡后四肢僵直，头颈后仰，少数鼻孔流血，肛门松弛，周围被毛有少量淡黄色胶样物附着，粪球外也附着有胶样物。

② 急性型：兔患病后食欲减退或废绝、饮水增多，精神沉郁、不喜活动，皮毛光泽锐减、结膜潮红，体温升高至41℃以上，迅速消瘦，妊娠母兔发生流产和死胎。病程一般为12~48小时。临死前首先表现短时间兴奋、挣扎，在笼内狂奔，啃咬笼架，口腔内有血

液流出；然后两前肢伏地，两后肢支起，全身颤抖，侧卧，四肢呈划船状运动，最后短时间抽搐或发出尖叫声而死亡。死亡后大部分头颈向后仰，四肢僵直；患兔由于死前用头、鼻、嘴部冲撞笼架，因此多数病例鼻部和嘴部皮肤碰伤；5%～10%的病兔鼻孔流出泡沫状血液，也有的耳内流出鲜血；肛门周围和粪球表面有淡黄色胶冻样附着物。

③ 慢性型：多发生于流行后期或老疫区。常见病兔体温升高至41℃左右，精神委顿，食欲减退或废绝1～2天，渴感增加，被毛粗乱无光泽，短时间内严重消瘦，但多数病例可耐过，康复后的家兔成为带毒者。

最急性型和急性型与慢性型病理变化有所不同。

最急性型和急性型：以全身器官瘀血、出血、水肿为特征，气管黏膜呈弥散性的鲜红色或暗红色的"红色指环"外观，气管腔内含有白色或淡红色带血的泡沫；肺脏瘀血、水肿、色红，有针帽大至绿豆大以至弥漫性的出血点或出血斑；胸腺胶样水肿，并有针头大至粟粒大的出血点；心外膜有出血斑点；胃内常积留多量食物，胃肠浆膜下血管扩张充血，小肠、盲肠、直肠浆膜出血，有些病例胃肠黏膜和浆膜上有出血点；肠系膜淋巴胶冻样水肿，切面有出血点；肝脏瘀血、肿大、质脆，色暗红或红黄，可见出血点和灰白色病灶；胆囊肿大，有的充满暗绿色浓稠胆汁，胆囊黏膜脱落；脾脏肿大，边缘钝圆，呈黑紫色，高度充血、出血，质地脆弱，切口外翻，胶样水肿；肾脏肿大，呈暗红色、紫红色或紫黑色，有的肾脏表面有针帽大小凹陷，被膜下可见出血点或灰白色斑点，质脆，切口外翻，切面多汁；膀胱积尿，其内充满黄褐色尿液，有些病例尿液中混有絮状蛋白质凝块，黏膜增厚，有皱褶；母兔子宫壁出血。

慢性型：病兔严重消瘦；肺部有数量不等的出血斑点；肝脏有不同程度肿胀，肝细胞素较明显，尤其在尾状叶或乳头凸起和胆囊部周围的肝组织有针头大至粟粒大的黄白色坏死灶；肠系膜淋巴结水肿，其他器官无显著的眼观病变。

目前实际生产中，兔瘟病理剖检多数仅见肺部、胸腺有出血斑点，肾脏瘀血或有点状出血，全身性病理特征表现的病例少见，可能与多年来针对性的免疫接种，降低了病毒对家兔的全身性危害有关。

防治：本病目前尚无有效的治疗药物，主要应采取预防措施。免疫是预防本病的最有效方法。加强兔群饲养与管理，提高免疫力和抗病力；加强对环境的卫生与消毒管理，降低病原微生物的数量和毒力；严禁购入病兔，禁止从疫区购兔；严禁闲杂人进入生产区。

（二）兔传染性水疱性口炎

兔传染性水疱性口炎（俗称流涎病），是由水疱性口炎病毒引起的兔的急性传染病，其特征是口腔黏膜形成水疱性炎症并伴有大量流涎，具有较高的发病率和死亡率。

病兔是主要传染源，病毒随被污染的饲料或饮水，经口、唇、齿龈和口腔黏膜而侵入健康兔引起发病，吸血昆虫的叮咬也可传播本病；春、秋季节多发，饲养管理不当、饲喂发霉变质或带刺的饲料等引起黏膜损伤时更易感染。主要侵害1~3月龄的仔、幼兔，有同窝兔相继发病的特点。

本病的典型症状为口腔黏膜发生水疱性炎症，并伴随大量流涎。病初口腔黏膜潮红、充血，随后在嘴唇、舌和口腔其他部位黏膜出现粟粒大至扁豆大的水疱。水疱破后形成溃疡，同时有大量唾液沿口角流下，沾湿唇外、颌下、胸前和前肢被毛，使这些部位的绒毛黏成片，发生炎症和脱毛；病兔食欲下降或废绝，精神沉郁，消化不良，常发生腹泻，日渐消瘦，虚弱。仔兔、幼兔发病后2天左右死亡，死亡率在50%以上，青年兔、成年兔症状一般可维持5~10天，死亡率较低。

口腔黏膜、舌和唇黏膜有水疱、脓疱、糜烂和溃疡，唾液腺等口腔腺体发炎、肿大、发红，咽、喉头部聚集有多量泡沫样的唾液，唾液腺肿大发红。胃扩张，充满黏稠液体和稀薄食物，肠黏膜特别是小肠黏膜有卡他性炎症。尸体精瘦。

防治：目前本病尚无疫苗和特异疗法，可采取综合性防控措施，控制继发感染和对症治疗。加强饲养管理，严禁使用过于粗糙的饲草饲喂幼兔；加强卫生防疫及消毒管理；防止引进病兔。兔群中发现流涎时，对可疑兔可内服抗菌药物连续数日进行预防。对发病兔要隔离治疗，局部先用防腐消毒药液冲洗口腔，然后涂擦或撒布消炎药剂，也可涂布明矾粉和少量白糖的混合剂。

（三）仔兔轮状病毒病

本病是由轮状病毒引起的仔兔肠道传染病，以仔兔腹泻为特征。主要侵害 2 ~ 6 周龄仔、幼兔，尤以 4 ~ 6 周龄幼兔最易感，发病率及死亡率均较高（死亡率达 40%），成年兔常呈隐性感染但无临床症状。病兔及带毒兔是传染源，潜伏期 18 ~ 96 小时。传播途径是消化道，健康兔食入被病兔或带毒兔排泄物污染的饲料、饮水或接触病兔乳汁而感染发病。新发病兔群常呈突然暴发，迅速传播；兔群一旦发生本病，将每年连续发生，不易根除。

常突然暴发，患兔昏睡，减食或绝食，排出稀薄或水样粪便。病兔的会阴部或后肢的被毛粘有粪便，体温正常，多数于下痢后 4 天左右因脱水衰竭而死亡，死亡率可达 40%。青年兔、成年兔大多不表现症状，仅有少数表现短暂的食欲不振和排软便。剖检可见空肠和回肠部的绒毛呈多灶性融合和中度缩短或变钝，肠细胞变扁平，肠腺变深。某些肠段的固有层和下层水肿。

防治：本病尚无有效的疫苗和治疗药物，只能通过综合措施加以预防。加强饲养管理，给予仔兔充足的初乳和母乳；加强卫生防疫和消毒措施，严禁从有该病流行的兔场引进种兔；发生该病时，发现后立即隔离，全面消毒，死兔及排泄物、污染物一律深埋或烧毁。

二、常见细菌病的防治

（一）魏氏梭菌病

兔魏氏梭菌病又称兔魏氏梭菌性肠炎，是由 A 型魏氏梭菌所产外毒素引起的一种死亡率极高的兔急性胃肠道疾病。以急剧腹泻，排黑色水样或带血胶冻样粪便，盲肠浆膜出血斑和胃黏膜出血、溃疡为主要特征。发病率与致死率较高。病原体为两端稍钝圆的革兰氏阳性大杆菌，存在于土壤和家兔的消化道内，能产生外毒素，引起高度致死性中毒症。

除哺乳仔兔外，不同年龄、品种、性别的家兔均易感，1～3月龄幼兔发病率最高；四季均可发生，但以冬、春季常见；主要经消化道或伤口传染，病兔、带菌兔及其排泄物和含有本菌的土壤和水源为传染源；饲养管理不良及各种应激因素可诱使本病暴发。

病兔精神沉郁，不吃食，排水样粪便，有特殊腥臭味，肛门周围及后腿部位有稀粪附着。体温不升高，在水泻的当天或次日即死亡，绝大多数为最急性。少数病例病程约1周或更久，最终死亡。

尸体外观无明显消瘦；剖开腹腔可闻到特殊腥臭味；胃底黏膜脱落，有出血斑点和溃疡；胃浆膜下可见大小不一的溃疡点和溃疡斑；小肠肠壁薄而透明，肠腔充满含有气泡的稀薄内容物，肠黏膜弥漫性出血；盲肠和结肠内充满气体和黑绿色稀薄内容物，有腐败气味，肠浆膜下有鲜红色纹状出血；大肠大面积出血；心脏表面血管怒张，呈树枝状充血；肝脏质地变脆；脾呈深褐色。

防治：应用兔魏氏梭菌灭活苗进行预防接种，是预防本病的最有效措施。加强饲养管理，消除诱发因素，少喂含有过高蛋白质的饲料和过多的谷物类饲料；严禁引进病兔，坚持各项兽医卫生防疫措施；发生疫情时，立即隔离或淘汰病兔；加强兔舍、兔笼及用具的消毒；病死兔及其分泌物、排泄物一律深埋或烧毁；注意灭鼠灭蝇。对患病兔，病初选用特异性高免血清每天按2～3毫升/千克体重皮下或肌肉注射，连用2～3天，疗效显著。同时，注意配合对症治疗（如腹腔注射5%葡萄糖生理盐水，按5～8克/只内服酵母片、按1～2克/只内服胃蛋白酶等），可提高疗效。

（二）巴氏杆菌病

兔巴氏杆菌病又称兔出血性败血症，是由多杀性巴氏杆菌引起的一种急性传染病。根据病原感染部位的不同，而有败血症、传染性鼻炎、地方流行性肺炎、中耳炎、结膜炎、子宫积脓、睾丸炎和脓肿等病症。

巴氏杆菌是条件性致病菌，正常情况下有 30% ~ 70% 健康家兔的鼻腔黏膜和扁桃体内带有这种病菌，也不表现临床症状。在多种应激因素作用下，机体抵抗力下降，或病菌大量繁殖、毒力增强时发病。潜伏期 1 ~ 6 天。一年四季均可发病，以春、秋季多发，呈散发或地方性流行。本病经呼吸道、消化道或皮肤、黏膜伤口感染。发病率常在 60% 以上，如不及时采取有效措施，可造成全群覆灭。

临床上分为鼻炎型、肺炎型、败血症型、中耳炎型、结膜炎型及脓肿、子宫炎及睾丸炎型等。

① 鼻炎型：特征是患兔鼻腔流鼻液，起初呈浆液性，以后逐渐变为黏液性以至脓性；患兔常打喷嚏、咳嗽，用前爪挠抓鼻孔，将病菌带入眼内、皮下，引起结膜炎和皮下脓肿等；时间较长时，鼻液变得更加浓稠，形成结痂，堵塞鼻孔，出现呼吸困难；鼻炎型的病程可达数月乃至 1 年以上；传染性强，对兔群的威胁较大。因病情易恶化，可诱发其他病型而引起死亡。

② 肺炎型：常由鼻炎型继发转化而来，最初表现厌食和沉郁，继而体温升高，呼吸困难，有时出现腹泻和关节炎；有的突然死亡，有的病程拖延 1 ~ 2 周。

③ 败血症型：可由其他病型继发，也可单独发生，与鼻炎、肺炎混合发生的败血症最为多见；患兔精神不振，食欲废绝，呼吸急迫，体温升高至 41℃ 以上，鼻腔流出分泌物，有时伴有腹泻；死前体温下降，四肢抽搐，病程短的 24 小时死亡，稍长的 3 ~ 5 天，最急性病例常见不到临床症状而突然倒地死亡。

④ 中耳炎型：又称歪头疯、斜颈病，是病菌由中耳扩散至内耳和脑部的结果；严重病例向着头倾斜的方向翻滚，直至被物体阻挡为止；患兔饮食困难，体重减轻，短期内较少死亡。

⑤ 结膜炎型：临床表现为流泪、结膜充血、眼睑肿胀和分泌物将上下眼睑粘住。

⑥ 其他病型：主要包括生殖器型和脓肿，其中脓肿可以发生在身体各处，皮下脓肿开始时，皮肤红肿、硬结，后来变为波动的脓肿；子宫发炎时，母体阴道有脓性分泌物；公兔睾丸炎可表现一侧或两侧睾丸肿大，有时触摸感到发热。

病程短的，剖检无肉眼可见的明显变化；病程长者，呼吸道黏膜充血、出血，并有较多血色泡沫；肺严重充血、出血、水肿；肝脏变性，有较多坏死灶；脾脏和淋巴结肿大出血，心内外膜有出血点；胸腔、腹腔内有淡黄色积液。有些病例肺有脓肿，胸腔、腹腔、肋膜及肺的表面有纤维素附着；肺炎型病变可波及肺的任何部位，眼观有实变（肝变）、肺气肿、脓肿和小的灰色结节性病灶，肺实质可见出血，胸膜表面覆盖纤维素。

防治：兔群每年要做好免疫接种；坚持自繁自养；搞好饲养管理和卫生防疫，增强机体抗病力，消除应激因素；种兔定期检疫；引进种兔要进行严格的细菌学检查，并隔离观察饲养；兔场要与其他畜禽养殖场分开，严禁其他畜禽进出，以减少和杜绝传播机会；经常检查兔群，发现重病兔捕杀，对流鼻涕、咳嗽的病兔应及时隔离治疗，慢性病兔要及时淘汰；兔舍、兔笼、场地及用具加强消毒。对已患病兔有条件时可用高免血清每天按 4~6 毫升/千克体重皮下注射，连用 3 天，治疗效果显著；也可用链霉素、庆大霉素治疗。慢性病例可用青霉素、链霉素滴鼻。

（三）大肠杆菌病

本病是由致病性大肠杆菌及其毒素引起的一种暴发性、死亡率很高的仔兔与幼兔的肠道传染病，以水样或胶冻样粪便和严重脱水为主要特征。

四季均可发生，主要侵害 20 日龄及断奶前后的仔兔和幼兔，成年兔较少发生；一般群养兔发病率高于笼养兔。大肠杆菌广泛分布在自然界，是兔肠道的常在菌，当饲养管理不良（如饲料品质和饲喂量突变、采食冰冻饲料和过多多汁饲料、断奶方式不当等）、气候环境突变或其他疾病（如沙门氏菌病、梭菌病、球虫病等）协同作用等应激因素存在时，导致肠道菌系紊乱，仔兔抵抗力降低，即引起发病，潜伏期 4~6 天。病兔体内排出的大肠杆菌毒力增强，污染了饲料、饮水、场地等，又经消化道感染健康兔，可引起流行，造成大批死亡。

最急性病例，不见任何症状即突然死亡；急性病例病程短，一般在 1~2 日内死亡，很少能恢复；亚急性病例病程稍长，一般在 7~8 天死亡。多数病兔，体温正常或稍低，初期精神沉郁，食欲不振，被毛蓬乱，腹部膨胀，粪便细小、成串，拉两头尖的粪便，外包有透明、胶冻状黏液，随后出现水样腹泻，肛门、后肢、腹部和足部的被毛被黏液及黄色水样稀粪沾污，病兔四肢发冷，磨牙，流涎，眼眶下陷，迅速消瘦，最终衰竭死亡。死亡率极高。

剖检，胃膨大，充满多量液体和气体，胃黏膜上有出血点；十二指肠通常充满气体和染有胆汁的黏液；空肠、回肠、盲肠扩张，充满半透明胶冻样液体，并伴有气泡；结肠扩张，有透明胶冻样黏液。肠道黏膜和浆膜充血、出血、水肿；胆囊扩张，黏膜水肿；肝脏及心脏局部有小点坏死病灶。

防治：加强卫生管理，定期消毒；减少应激因素，特别是仔兔断乳前后，饲料不能突然改变，以免引起肠道菌群紊乱；常发本病的兔场，可用本场分离的大肠杆菌制成氢氧化铝甲醛菌苗进行预防注射，一般 20~30 日龄的仔兔每只肌肉注射 1 毫升，对控制本病的发生有一定的效果；对断奶前后的仔兔，口服长效土霉素等，一般连服 3~5 日有预防效果。对已患病兔每千克体重肌肉注射庆大霉素 3 000 单位，2 次/天，连用 3~5 天；用恩诺沙星饮水，2 次/天，连用 3~5 天；每只兔口服促菌生 2 毫升菌液（约 10 亿活菌），1 次/天，一般服 3 次；每只兔每次口服大蒜酊 2~3 毫升，2 次/天，连用 3~5 天。同时可在皮下或腹腔注射 5% 葡萄糖盐水，或口服生理盐水和收敛药等，以防止脱水，促进治愈。

（四）波氏杆菌病

波氏杆菌病是由支气管败血波氏杆菌引起的家兔常见、多发、广泛传播的一种慢性呼吸道传染病，以鼻炎、支气管肺炎和脓疱性肺炎为特征。

多发于春、秋两季，兔舍通风不良时冬季也可能发生；传播途径主要是呼吸道；应激因素（如气候骤变、感冒、寄生虫及强烈刺激性气体的刺激等）的存在致使上呼吸道黏膜脆弱，易引起发病；鼻炎型常呈地方性流行，支气管肺炎型多散发；仔兔、幼兔多呈急性型，成年兔呈慢性型。

本病分为鼻炎型、支气管肺炎型和败血型3种。

① 鼻炎型：较为常见，多数病例鼻腔黏膜充血、流出多量浆液性或黏液性分泌物（通常不呈脓性）；常与巴氏杆菌病等并发；病程短，消除诱发因素后易康复。

② 支气管肺炎型：以鼻炎长期不愈为特征；鼻腔流出黏液性或脓性鼻液，打喷嚏，呼吸困难；食欲不振，逐渐消瘦；幼兔出生后15天发病，病程短，常在发病后12~24小时内死亡；成年兔看不到明显症状，病程可延续数月；成年母兔常在妊娠后期或分娩等代谢增强时死亡；经数月不死的，宰后方能见到肺部有病变。

③ 败血型：较少见，是病原侵入血液生长、繁殖，造成败血，急性者突然死亡。

死亡家兔剖检见鼻腔黏膜、支气管黏膜充血，并有多量浆液、黏液或脓性液体；肺部有数量不等、大小不一（大如鸽蛋、小如芝麻）的脓疱，多者可占肺体积的90%以上；有的病例肝脏表面有黄豆至蚕豆大的脓疱，突出于肝表面；有的病例肾脏肿大，且有脓疱；有的公兔睾丸上有脓疱；还可引起心包炎、胸膜炎、胸腔积脓和肌肉脓肿。脓疱内积满黏稠、乳油样的乳白色或灰白色脓液。哺乳仔兔除肺部有脓疱外，还引起心包炎，心包内有黏稠、奶油样的白色脓液。

防治：按兔疫程序做好预防接种工作；坚持自繁自养；新引进的种兔隔离观察1个月以上，并进行细菌学与血清学检查，阴性者方可混群饲养；加强饲养管理，保持兔舍适宜的温度与湿度，通风良好，避免异常气味的刺激，减少应激；加强卫生及消毒管理，减少灰尘，定期消毒；及时淘汰有鼻炎症状的兔，以防引起传染。对已患病兔应用卡那霉素、庆大霉素、链霉素治疗。对无治疗效果的脓疱型病兔应及时淘汰。注意停药后的复发。

（五）葡萄球菌病

葡萄球菌病是由金黄色葡萄球菌引起的一种常见、多发兔病。本病以身体各部位发生化脓性炎症或致死性脓毒败血症为特征。

金黄色葡萄球菌广泛存在于空气、饲料、饮水及土壤、物体的表面，动物的皮肤、黏膜、肠道、扁桃体和乳房等处也有寄生；人和动物均易感，兔更敏感。经创口及天然孔道，或直接接触感染。通过飞沫经呼吸道感染，引起上呼吸道炎症和鼻炎；经体表伤口或毛囊侵入，引起皮肤感染；通过母兔乳头口及乳房损伤感染，引起乳房炎；仔兔食入含病原的乳汁，可患黄尿病、败血症等。

本病的潜伏期为 2~5 天。临床上常见的病症有以下几种。

① 仔兔脓毒败血症：母兔患有此病，其仔兔出生 2~3 天后，皮肤上出现粟粒大的脓肿，多数病例在 2~5 天呈败血症死亡。少数病例的脓疱逐渐变干、消失而痊愈。

② 仔兔急性肠炎：仔兔吃了患乳房炎母兔的乳汁而引起急性肠炎，一般全窝发生，病兔肛门周围被毛污秽、腥臭，昏睡，体衰软弱，经 2~3 天死亡，死亡率高。

③ 脓肿：全身各器官、部位都能发生；病变部初期红肿、硬实，后形成脓肿，大小不等，数目不一；皮下脓肿经 1~2 个月自行破溃，流出脓汁，破溃口经久不愈；脓液通过抓伤和血流扩散到其他部位，当脓肿向内破溃时，可引起全身性感染，呈败血症，病兔很快死亡。

④ 乳房炎：常见于母兔分娩后最初几天；由乳头和乳房皮肤损伤而感染；急性乳房炎时，病兔体温升高，精神沉郁，不食，乳房肿胀，呈紫红色或蓝紫色；乳汁中混有脓液或血液；慢性乳房炎时，乳头或乳房实质局部形成大小不一的硬块，后变为脓肿。

⑤ 脚皮炎：常见于后肢侧面皮肤；开始充血、肿胀、脱毛，继

而形成经久不愈的溃疡；病兔行动困难，食欲减退，消瘦；有时转成全身性感染，呈败血症死亡。

⑥上呼吸道及鼻炎：引起鼻炎，病兔用爪搔抓鼻部，又可引起眼炎、结膜炎。

病兔不同部位皮下和内脏器官有数量不等、大小不一的脓疱。疱膜完整，内含浓稠的乳白色脓液，或破溃而流出脓汁。

防治：患病兔场，可用金黄色葡萄球菌培养液制成菌苗，对健康兔每只皮下注射1毫升，可预防本病。保持兔笼、产箱与运动场的清洁卫生，清除所有的锋利物品，如钉子、铁丝头、木屑尖刺等，以免引起家兔的创伤；笼养时不能拥挤，把喜欢咬斗的兔分开饲养；哺乳母兔笼内要用柔软、干燥、清洁的垫草，以免新生仔兔的皮肤擦伤；观察母兔的泌乳情况，适当调剂精料与多汁饲料的比例，防止母兔发生乳房炎；刚产出的仔兔用3%碘酒、5%龙胆紫或3%结晶紫石炭酸溶液等涂擦脐带开口部，防止脐带感染；发现皮肤与黏膜有外伤时，应及时进行外科处理；患病兔场母兔在分娩前3~5天，饲料中添加土霉素粉，每千克体重20~40毫克，可预防本病。

对已患病兔可进行全身疗法：卡那霉素每天按5~15毫克/千克体重肌肉注射，连用4天。局部脓肿与溃疡按常规外科处理，涂擦5%龙胆紫酒精溶液（3%碘酒或5%石炭酸溶液）、青霉素软膏、红霉素软膏等药物。

（六）兔链球菌病

兔链球菌病是由溶血性链球菌引起的一种急性败血症，主要危害幼兔。

溶血性链球菌在自然界中分布广，存在于兔的呼吸道、口腔和阴道中；病兔与带菌兔是主要传染源。病兔的分泌物和排泄物污染饲料、饮水、用具及周围环境，经健康兔的上呼吸道黏膜或扁桃体而传染；饲养管理、气候突变、长途运输等诸多应激因素作用，导致机体抵抗力降低时，可诱发本病；四季均能发生，但以春、秋两季多见。

本病多为急性，患兔往往在 24 小时内不表现任何症状而死亡，有的头天下午和晚上还很精神、食欲正常，第二天早上就发现死亡，有的上午采食正常，下午便死亡。有症状的患兔表现为体温升高，食欲废绝，呼吸困难，间歇性下痢等，有的病例还出现神经症状。病情较轻的兔初期精神沉郁，食欲减退，少食或不食，体温升高，呼吸困难，间歇性下痢等。

剖检病死兔，可见皮下组织出血性浆液性浸润，实质脏器点状出血，肠黏膜弥漫性出血，肠内壁点状或斑状出血，脾肿大，肝、肾脂肪变性；脑膜充血、出血。

防治：加强饲养管理，防止受凉感冒，减少诱发应激因素；加强卫生消毒管理，兔舍、兔笼及场地用 3% 来苏尔液或 1 / 300 菌毒敌全面消毒。发现病兔立即隔离治疗，已患病兔可用青霉素每天按 5 万 ~ 10 万单位/次肌肉注射，连续 3 ~ 4 天。如发生脓肿，需要切开排脓，用 2% 洗必泰溶液冲洗，涂碘酒，每日 1 次。

（七）兔沙门氏菌病

沙门氏菌病又称副伤寒，是由鼠伤寒沙门氏菌和肠炎沙门氏菌引起的一种消化道传染病。主要侵害幼兔和妊娠母兔，幼兔多因腹泻和败血症死亡，妊娠母兔主要表现为流产。

断奶幼兔和怀孕 25 日后的母兔易发（发病率高达 57%，流产率 70%，致死率 44%），其他兔很少发病死亡。其传染方式有两种：一种是健康兔食入被污染的饲料、饮水而感染发病；另一种是健康兔肠道内存在有本病原菌，在饲养管理不良、气候突变、卫生条件不好等多种应激因素作用或患有其他疾病，机体抵抗力下降，病原体趁机繁殖，毒力增强而引起发病。本病主要经消化道感染，或内源性感染；幼兔也可经子宫内及脐带感染。潜伏期为 3 ~ 5 天。

除少数患兔无明显症状死亡外，多数病例表现为腹泻，粪便稀烂并呈内含气泡的黏液状；体温升高，废食，渴欲增加，消瘦。母兔从阴道排出黏液或脓性分泌物，阴道潮红、水肿，常于流产后死亡；流产的胎儿多数已发育完全、皮下水肿，不流产的胎儿发育不完全或木乃伊，有的发生胎儿液化。患病母兔康复后不能再怀孕产仔。

急性败血型病例，多数内脏器官充血或出血，胸腔、腹腔积有多量的浆液或纤维素性渗出物；急形腹泻型病例，肠黏膜充血、出血，肠道充满黏液或黏膜上有灰白色粟粒大小的坏死灶。流产病兔子宫肿大，浆膜充血，并有化脓性子宫炎，局部覆盖一层淡黄色纤维素性污秽物，子宫有的出血或溃疡；未流产的病兔阴道充血，腔内有脓性分泌物，肝脏有弥漫性或散在性淡黄色芝麻粒大的坏死灶，胆囊肿大，肝脾肿大呈暗红色。肾脏有散在性针头大的出血点，消化道水肿。

防治：按兔疫程序接种疫苗；加强饲养管理，减少应激；严防怀孕母兔与传染源接触；加强卫生和消毒管理，搞好环境卫生，对兔舍、兔笼和用具等彻底消毒，消灭老鼠与苍蝇；定期应用鼠伤寒沙门氏菌诊断抗原，普查兔群，对阳性兔进行隔离治疗。兔群发生本病时，要迅速确诊，隔离治疗，无治疗效果的要严格淘汰，兔场进行全面消毒。对已患病兔在加强饲养管理的基础上，可选用药物进行治疗：链霉素，每只兔每天按 0.1~0.2 克/次肌肉注射，连用 3~4 天，或每天按 0.1~0.5 克/次内服，连用 3~4 天。大蒜充分捣烂，1 份大蒜加 5 份清水，制成 20% 的大蒜汁，每天按 5 毫升/次内服，连用 5 天；车前草、鲜竹叶、马齿苋、鱼腥草各 15 克，煎水拌料喂服或以鲜草饲喂。

（八）肺炎球菌病

本病是由肺炎双球菌引起的一种呼吸道传染病，其特征为体温升高，咳嗽，流鼻涕和突然死亡。

病兔、带菌兔及带菌的啮齿动物等是传染源，由被污染的饲料和饮水等经胃肠道或呼吸道传染，也可经胎盘传染。怀孕兔和成年兔多发，且常为散发，幼兔呈地方性流行。

病兔常呈感冒症状，表现为精神沉郁，食欲下降或废绝，咳嗽喘气，体温升高，眼红流泪，流黏液性或脓性鼻涕。幼兔患病常呈败血症变化而突然死亡。剖检见气管和支气管黏膜充血及出血，管腔内有粉红色黏液和纤维素性渗出物；肺部有大片的出血斑或水肿、脓肿，多数病例呈纤维素性胸膜炎和心包炎，心包与肺或与胸膜之间发生粘连；肝脏肿大，呈脂肪变性；脾脏肿大；子宫和阴道黏膜出血。

防治：加强卫生和消毒管理，坚持兽医卫生防疫制度，搞好清洁卫生，定期消毒，防止兔舍内温度忽高忽低；加强营养，喂兔的饲料要保证清洁、新鲜、多样化；严防带入传染源。发现病兔或可疑兔，立即隔离治疗。受威胁兔群可使用药物进行预防性治疗：青霉素每天按4万~8万国际单位/千克体重肌肉注射，连用3~5天；卡那霉素、庆大霉素也可。银花、连翘、竹叶各8克，豆豉、牛蒡子、荆芥、薄荷、桔梗、甘草各6克，用水200毫升煎为20%浓度的药液，加入糖适量，每只15~20毫升/次灌服，3次/日；或用金银花30克、板蓝根20克，煎汁每只按15毫升/次内服，3次/日。

（九）毛癣病

毛癣病又称皮肤癣菌病，是由真菌毛癣霉与小孢霉感染家兔皮肤表面及其毛囊和毛干等附属结构所引起的一种传染性皮肤病，以家兔皮肤呈不规则的块状或圆形脱毛、断毛及皮肤炎症为主要特征。

本病主要经与病兔直接接触，相互抓、舔，吮乳和交配等而传播，也可通过各种用具及人员间接传播。多为散发，幼龄兔比成年兔易感。潮湿、多雨、污秽的环境条件，兔舍及兔笼卫生差，可促使本病发生。人也可感染本病，因此本病是一种重要的人畜共患病。

病兔初期多在头部、口周围及耳朵，继则感染肢端和腹下等部位，患部以环形、突起、带灰色或黄色痂为特征，3周左右痂皮脱落，呈现小的溃疡，破坏毛根和毛囊。如并发金黄色葡萄球菌或链球菌感染，常引起毛囊脓肿。另外，在皮肤上也可出现环形、被覆珍珠灰（闪光鳞屑）的秃毛斑以及皮肤炎症等变化。

防治：坚持常年灭鼠和保持兔舍、兔笼及用具清洁卫生并定期消毒；经常检查兔体被毛及皮肤状态，发现病兔立即隔离、治疗或淘汰。病兔停止哺乳及配种，严防健康兔与病兔接触。病兔接触过的兔笼及用具等用福尔马林熏蒸消毒，污物及粪尿用生石灰消毒后深埋或烧毁。饲养管理人员要注意防感染，同时在饲料中添加0.5%的石膏粉，连喂5~7天，并增加青绿饲料喂量。患兔的患部剪毛后用软肥皂溶液洗拭软化并除去痂皮，然后涂擦10%水杨酸软膏、制霉菌素软膏，2次/天。

三、常见寄生虫病防治

（一）球虫病

兔球虫病是由寄生在胆管上皮和肠上皮细胞内的艾美耳属的各种球虫所引起，病原虫属于单细胞原虫。本病一年四季均可发生，南方5~7月、北方7~9月为高发期；饲养密度大、高温、高湿地区多发；各品种和年龄兔都易感，断奶至4月龄幼兔最易感，断奶后至1周龄感染最为严重，可造成大批死亡（80%左右）；兔舍卫生条件恶劣易促使本病的发生和传播；成年兔表现隐性感染，也是重要的感染来源；鼠类、昆虫以及饲养人员都是球虫卵囊的机械传播者。

临床表现分为混合型、肝型及肠型。

① 混合型：临床多见。主要表现为食欲骤减或拒食，精神沉郁；眼鼻分泌物多，唾液分泌增多；腹泻，或腹泻与便秘交替出现。病兔尿频，常呈排尿姿势，病兔因肠臌气、膀胱充满尿液和肝脏肿大而呈现腹围增大，肝区触诊疼痛；结膜苍白，有时黄染；后期兔往往出现神经症状，痉挛或麻痹，头后仰，四肢抽搐，尖叫死亡。死亡率一般为50%~60%，有时高达80%以上。病程十余日至数周，病愈后长期消瘦，生长发育不良。

② 肝型：幼兔主要表现肝肿大。触诊肝区疼痛，腹部膨胀，有腹水，被毛粗乱易折，眼球紫，结膜黄染，后期有下痢。肝球虫病：肝表面及实质内有白色或淡黄色粟粒大至豌豆大的结节病灶，取结节压片镜检，可见到各个发育阶段的球虫。慢性球虫病时，胆管和

小叶间部分结缔组织增生而引起肝细胞萎缩和肝脏体积缩小。

③肠型：多为急性，突然死亡。主要表现为腹泻带血，后期下痢。

肠球虫病：十二指肠、空肠、回肠和盲肠的肠壁血管充血，黏膜充血并有出血点；慢性病例，肠黏膜上有许多小的白色结节，内含卵囊，有时可见化脓性坏死灶。

防治：预防本病，要正确选址、科学布局；兔群笼养，料槽、水槽及草架尽量置于笼外；设有专门饲料存放间，并经常清扫与定期消毒；兔舍、笼具、用具定期消毒；粪尿排泄物堆积发酵；合理安排繁殖，避开霉雨季节产仔，断奶后母仔及时分开；定期对成年兔驱虫；严格检疫，不从疫区引种；购入兔隔离饲养，观察15~20天确认健康后方可入群；发现病兔隔离治疗，尸体内脏烧毁、深埋，排泄物堆积发酵无害化处理，健兔用药预防；加强饲养管理，供给全价饲料，更换草料应逐渐减增，场舍结合灭鼠杀虫的群众性工作，杜绝卵囊散布。

治疗可用氯苯胍，饲料中按0.015%添加拌匀，从开始采食到断奶后45天混饲，可有效预防。紧急治疗，按0.03%添加混饲1周后改为预防剂量，效果较好。也可用地克珠利预混剂，混饲，2~5毫克/吨饲料。

对于兔球虫病，重点应放在预防上；预防及治疗药物要经常更换或交替使用，以防产生耐药性；球虫病暴发后，常并发细菌感染，出现贫血、食欲减退等症状，治疗球虫病时应注意同时给予对症治疗，如应用抗生素治疗并发感染，必要时耳静脉注射葡萄糖等，否则影响治疗效果。

（二）兔螨病

兔螨病又叫疥癣病或兔疥癣，俗称生癞，是由螨虫寄生于兔体表而致的外寄生性皮肤病。本病的传染性强，以接触感染为主，具有高度的侵害性，轻者使兔消瘦，影响生产性能，重者常造成死亡。发病后不及时采取措施，会迅速遍及全群，造成严重损失，是目前危害养兔业的一种严重疾病。

侵害兔体的螨有痒螨科的兔痒螨和兔足螨、疥螨科的兔疥螨和兔背肛螨。其中以寄生于耳壳内的痒螨病最为常见，危害也较为严重，其次为寄生于足部的足螨病。

痒螨和疥螨的发育过程相同，包括卵、幼虫、若虫、成虫4个阶段，整个发育过程都在动物体上完成。疥螨在宿主表皮挖凿隧道，以皮肤组织、细胞和淋巴液为食，并在隧道内发育和繁殖；痒螨则寄生于皮肤表面，以吸吮皮肤渗出液为食。完成整个发育过程，痒螨需10~12天，疥螨需8~22天，平均15天。

病兔是主要传染源。病兔与健康兔直接接触可以传播本病。如密集饲养、配种均可传播。通过接触螨虫污染的笼舍、食具、产箱以及饲养人员的工作服、手套等也可间接传播。本病多发于秋冬季节，日光不足、阴雨潮湿，最适合螨虫的生长繁殖并促进本病的蔓延。

各种年龄的兔都可发病，但幼兔比成年兔患病严重，营养状态不良及机体抵抗力较弱的兔比营养状态好的兔发病严重。兔疥螨可以传染给人，人感染后的症状为皮肤上起红色小丘疹，剧痒，晚间加重。一般认为兔疥螨感染人有一定的局限性，1~2个月后可自愈，但有免疫缺陷或机体抵抗力较差的患者病程更长。

螨虫在外界的生存能力较强，在温度11~20℃的条件下，可存活10~14天，在湿润的空气中，疥螨可存活3周，痒螨可存活2个月，在饲养管理及卫生条件较差的兔场，可常年发生螨病。

因感染螨虫种类不同，临床上可分为两种情况。

（1）痒螨病　主要发生于外耳道内，可引起外耳道炎，渗出物干燥成黄色痂皮，塞满耳道如纸卷样。病兔耳朵下垂，不断摇头和用脚搔耳朵，还可能延至筛骨及脑部，病兔表现歪头，最后出现抽搐而死亡。

（2）疥螨病　一般由嘴、鼻周围及脚爪部发病，奇痒，病兔不停用嘴啃咬脚部或用脚搔抓嘴、鼻等处，严重发痒时前后脚抓地。病变部出现灰白色结痂，使患部变硬，造成采食困难，食欲减退。

脚爪上产生灰白色痂块，病变向鼻梁、眼圈、前脚底面和后脚蹠部蔓延，出现皮屑和血痂，嘴唇肿胀，多影响采食，病兔迅速消瘦，直至死亡。

防治：预防本病，要加强饲养管理和卫生消毒管理，搞好兔舍卫生，经常保持兔舍清洁、干燥、通风，饲养密度不要过大；处理病兔的同时，要注意把笼具、用具等彻底消毒（用杀螨剂）或用火焰喷灯消毒效果更好；经常认真仔细地观察每一只兔，发现病兔立即隔离治疗，种公兔停止配种，以免造成蔓延；在引进兔时，一定要隔离观察，严格检查，确认无螨病后再混群。实践证明，营养状态好的兔得螨病少或发病较轻，因此，一定要喂给全价饲料，特别是含维生素较多的青饲料，如胡萝卜等。建立无螨兔群，是预防本病的关键。

能治疗螨病的药物较多，有口服药、皮下注射药和外用药等多种。主要治疗药物有：伊维菌素或阿维菌素（虫克星），对所有线虫和外寄生虫（螨、虱、蚤、蜱、蝇蛆等）以及其他节肢动物均有较强的驱杀作用，按0.02~0.04毫克/每千克体重皮下注射，7天后再注射1次，一般病例2次可治愈，重症者隔7天再注射1次，或按说明书使用。

螨病具有高度的传染性，遗漏一个小的患部，散布少许病料，就有继续蔓延的可能。因此，无论采取哪种方法，治疗螨病时一定要认真仔细，掌握以下原则。

① 仔细检查。治疗前，全面详细检查兔群，检出所有病兔，一只不漏，并仔细找出所有患部，便于全面治疗。

② 彻底治疗。外用药时，为使药物和虫体充分接触，要将患部及其周围3~4厘米处的被毛剪去，用温肥皂水彻底刷洗，浸软痂皮、除掉硬痂和污物，最好用20%来苏尔液刷洗1次，擦干后涂药。

③ 重复用药。治疗螨病的药物，大多数对螨卵没有杀灭作用，因此，即使患部不大，疗效显著，也必须间隔5~10天，重复治疗2~3次，以便杀死新孵出的幼虫，直至治愈为止。

④ 用药消毒并举。用药只能作用于机体，而笼具等周边环境中

存在大量的螨虫，不杀灭时会很快再感染兔机体。因此，用药治疗的同时，加强对兔笼、用具及周边环境的消毒，可以大大提高防治效率。

⑤ 不宜药浴。家兔不适于药浴，不能将整只兔浸泡于药液中，仅可依次分部位进行治疗。

（三）兔虱病

兔虱病是由各种兔虱寄生于兔体表所引起的一种外寄生虫病。主要通过接触感染，慢性发病。病兔和健康兔直接接触，或通过接触被污染的兔笼、用具均可染病。兔虱咬兔的皮肤时，分泌出一种有毒性的唾液，刺激兔皮肤的神经末梢，引起发痒。兔子常用嘴啃咬痒的部位或用前爪抓痒的部位，咬破或抓破皮肤，皮肤上有微小的出血点，溢出的血液干后形成结痂，因而易脱毛、脱皮、皮肤增厚和发生炎症等。拨开兔子患部的被毛，检查其皮肤表面和绒毛的下半部，可找到很小的黑色虱，在兔绒毛的基部可找到淡黄色的虱卵。严重时，会造成病兔食欲不振，消瘦，抵抗力减弱。

防治：防止患虱病的兔引入健康兔场；对兔群定期检查，发现病兔立即隔离治疗，做到早发现、早隔离、早治疗；保持兔舍干净、卫生、干燥、空气新鲜；笼舍每隔一定时间用2%的敌百虫溶液消毒1次，或将苦楝树叶放在笼内以驱除兔虱。

治疗可用中药百部根1份、水7份，煮沸20分钟，冷却到30℃时用棉花蘸水，在兔体上涂擦；用2%的敌百虫溶液喷洒兔体，或用20%氰戊菊酯5 000～7 500倍稀释液涂擦，疗效较好。

四、常见普通病的防治

（一）口炎

本病为口腔黏膜表层或深层的炎症。临床上以流涎及口腔黏膜潮红、肿胀、水疱、溃疡为特征。

机械性刺激是口炎发生的重要原因。如硬质和棘刺饲料，尖锐牙齿，异物（钉子、铁丝等）都能直接损伤口腔黏膜，继而引起炎症反应。其次是化学因素，如采食霉败饲料，误食生石灰、氨水等，均可引起口炎。另外，口炎还可以继发于舌伤、咽炎等邻近器官的炎症。

若口炎是由粗硬饲料损伤所致，则兔群里有许多只发病。病兔口腔黏膜发炎疼痛，食欲减退。有的家兔虽处于饥饿状态，主动奔向饲料放置处，但当咀嚼出现疼痛时，便立即退缩回去。患兔大量流涎，并常黏附在被毛上。口腔黏膜潮红、肿胀，甚至有损伤或溃疡。若为水疱性口炎，口腔黏膜可出现散在的细小水疱，水疱破溃后可发生糜烂和坏死，此时流出不洁净并有臭味的唾液，有时混有血液。

加强饲养管理，禁喂粗硬带刺的饲料，及时除去口腔异物，修整锐齿，尽量避免口腔黏膜的机械损伤；饲喂营养丰富、含有维生素并易消化的柔软饲料，以减少对口腔黏膜的刺激；避免化学因素的刺激。

根据炎症的变化，选用适当的药液洗涤口腔。炎症轻微时，用2%～3%食盐水或碳酸氢钠液；炎症重并有口臭时，用0.1%高锰酸钾液；唾液分泌较多时，用2%硼酸溶液或2%明矾溶液洗涤口腔，每日冲洗2～3次，洗后涂以2%龙胆紫溶液。洗涤口腔时，兔的头部要放低，便于洗涤的药液流出，否则容易误入气管而引起异物性肺炎。当病兔出现体温升高等全身症状时，应及时应用抗生素。如青霉素每千克体重1万单位，链霉素每千克体重2万单位，每8～12小时肌肉注射1次。

（二）毛球病

又称毛团病，是家兔吞食自身的被毛或同伴的被毛，造成消化道阻塞的一种疾病。

家兔在以下情况下可能吞食被毛形成毛球团。日粮中缺乏钙、钠、铁等无机盐和B族维生素，以及某些氨基酸如蛋氨酸和胱氨酸不足，引起家兔味觉失常，而发生吞食被毛癖；饲料中精料成分比例过大、过细，起充填作用的粗纤维不足，家兔常出现饥饿感，因而乱啃被毛；兔笼窄小，家兔长期拥挤在一起，互相啃咬，久而久之，便形成吞食被毛的恶癖；不及时清理脱落后掉在饲料、垫草中的被毛，容易随同饲料一起吞下而发病；某些外寄生虫（蚤、毛虱、螨等）刺激发痒，家兔持续性啃咬，也有时拔掉被毛而吞入胃内。

防治：饲料配合时注意精粗搭配比例适当，蛋白质、矿物质元素和维生素含量丰富；适量加喂青饲料或优质干草，加速胃内食物的移动，能有效减少毛球病的发生；保持兔笼宽敞、不拥挤；及时预防和治疗寄生虫病或皮肤病。对患兔可内服植物油，如豆油或花生油 20 ~ 30 毫升，或蓖麻油 10 ~ 15 毫升，以润滑肠道，便于排出毛球。如植物油泻剂无效时，应果断地施以外科手术治疗。

（三）便秘

本病是因肠内容物停滞、变干、变硬，致使排粪困难，甚至阻塞肠腔的一种腹痛性疾病。

诱发本病的原因可能是：环境突然改变，运动不足，打乱正常排便习惯而发病；精、粗饲料搭配不当，精饲料多，青饲料少，或长期饲喂干饲料，饮水不足，都可诱发便秘；饲料中混有泥沙、被毛等异物，致使形成大的粪块而发生便秘；继发于排便带痛的疾病（肛窦炎、肛门脓肿、肛瘘等）、不能采取正常排便姿势的疾病（骨盆骨折、髋关节脱臼等）以及一些热性病、胃肠弛缓等全身性疾病的过程中。

防治：夏季要有足够的青饲料。冬季喂干粗饲料时，应保证充足、清洁的饮水。保持饲槽卫生，经常除去泥沙或被毛等污物。保持家兔的适当运动。喂养要定时定量，防止饥饱不均，使消化道有规律地活动，可以减少本病的发生。对已患病兔应禁食 1 ~ 2 天，勤给饮水；轻轻按摩腹部，既有软化粪便的作用，又能刺激肠蠕动，加速粪便排出；用温水或 2% 碳酸氢钠水溶液灌肠，刺激排便欲，加速粪便排出；应用肠道润滑剂（如植物油、液状石蜡）灌肠，有助于排出停滞的粪便，由肛门注入开塞露液 1 ~ 2 毫升；内服缓泻剂硫酸钠4～8克，植物油（花生油、豆油）10～20毫升，或液状石蜡20～30毫升；全身治疗应注意补液、强心；治愈后要加强护理，多喂多汁易消化饲料，食量要逐渐增加。

（四）腹泻

本病是指临床上具有腹泻症状的一类疾病，主要表现是粪便不成球，稀软，呈粥状或水样便。导致家兔腹泻的疾病较多，如患有以消化障碍为主的疾病（消化不良、胃肠炎等）；某些传染病（副伤寒、肠结核等）；寄生虫病（如球虫病等）；中毒性疾病（有机磷中毒等）。传染病、寄生虫病及中毒性疾病，除腹泻之外，还有各自的特有症状。在此，仅介绍引起腹泻的胃肠道疾病。该病各种年龄的家兔均可发生，但以断乳前后的幼兔发病率最高，治疗不当常引起死亡。

以消化障碍为主的胃肠道性腹泻的原因主要有：饲料不清洁，混有泥沙、污物等；饲料发霉、腐败变质；饲料内含水量过多，或吃了大量的冰冻饲料；饮水不卫生，或夏季不经常清洗饲槽，不及时清除残存饲料，以致酸败而致病；饲料更换突然，家兔不适应，特别是离乳的幼兔，因消化机能尚未发育健全，适应能力和抗病能力均较低，更易发病；兔舍潮湿，温度低，家兔腹部着凉；口腔及牙齿疾病，也可引起消化障碍而发生腹泻。

防治：加强饲养管理，不喂霉败饲料，兔舍经常保持清洁、干燥，温度恒定，通风良好。饲槽定期刷洗、消毒，饮水要卫生，垫草勤更换。对刚离乳的幼兔一定做到定时定量饲喂，防止过食。变换饲料应逐渐进行，以便家兔适应。对已患病兔的治疗原则如下。

对消化不良的治疗，消除病因，改善饲养管理，清理胃肠，恢复胃肠功能。轻症病例，随着调整饲料组成或更新变质饲料，症状可得到缓解。可采取药物治疗：取硫酸钠或人工盐2～3克，加水40～50毫升，1次内服；或植物油10～20毫升，内服，清理胃肠；服用各种健胃剂（如大蒜酊、龙胆酊、陈皮酊2～4毫升，各酊剂可单独应用，也可配伍应用，配伍时剂量酌减）来调整胃肠功能。

对胃肠炎的治疗，要通过杀菌消炎，收敛止泻和维护全身机能。新霉素，每千克体重 4 000~8 000 单位，肌肉注射，1 天 2~4 次，连用 3 天；收敛止泻，粪便的臭味不大，仍腹泻不止时方可使用；内服鞣酸蛋白 0.25 克，1 天 2 次，连服 1~2 天；维护全身机能可静脉注射葡萄糖盐水、5% 葡萄糖液或林格氏液 30~50 毫升，20% 安钠咖液 1 毫升，1 天 1~2 次，连用 2~3 天。

（五）眼结膜炎

眼结膜炎是眼睑结膜、眼球结膜的炎症，是眼病中最多发的疾病。

引起眼结膜炎症的原因较多，主要有机械性原因（如异物落入眼内，眼睑内外翻、倒睫等眼部外伤和寄生虫的寄生等）；物理化学性原因（如烟雾、化学气体、化学消毒剂及分解变质眼药的刺激，强日光直射、紫外线的刺激以及高温作用等）；细菌感染、并发于某些传染病和内科病（如传染性鼻炎、维生素 A 缺乏症等）和继发于邻近器官或组织的炎症等。

① 黏液性结膜炎：一般症状较轻，为结膜表层的炎症。初期，结膜轻度潮红、肿胀，分泌物为浆液性且量少，随着病程的发展，分泌物变为黏液性，量也增多，眼睑闭合。眼睑及两颊皮肤因泪水及分泌物的长期刺激而发炎，绒毛脱落，有痒感。治疗不及时，会发展为化脓性结膜炎。

② 化脓性结膜炎：一般为细菌感染所致。上述症状加剧，肿胀明显，疼痛剧烈，睑裂变小，从眼内流出或在结膜囊内积聚多量黄白色脓性分泌物，久者脓汁浓稠，上、下眼睑充血肿胀，常粘着在一起。炎症常侵害角膜，引起角膜混浊、溃疡，甚至穿孔而继发全眼球炎，可造成家兔失明。

防治：保持兔舍清洁卫生，通风良好；使用具有强烈刺激作用的消毒兔舍后，不要立即放入家兔；避免阳光直射；经常喂给富含维生素 A 的饲料。如胡萝卜、黄玉米、青草等。对已患病兔，轻者可热敷，并用 2% 硼酸溶液等无刺激的防腐、消毒、收敛药液冲洗患眼，再用抗生素眼药水滴眼；疼痛剧烈者，可用3%盐酸普鲁卡因滴眼。重症病兔，肌肉注射抗生素，进行全身性治疗。由维生素 A 缺乏或巴氏杆菌病等继发者，应及时治疗原发性疾病。在采取上述措施的同时，配合中药治疗，效果较好。可用蒲公英32克，水煎，头煎内服，二煎洗眼。或用紫花地丁等清热解毒中草药，水煎内服，以利清热祛风，平肝明目。

（六）中耳炎

家兔鼓室及耳管的炎症称为中耳炎。

鼓膜穿孔，外耳道炎症，感冒、流感、传染性鼻炎或化脓性结膜炎等继发感染，均可引起中耳炎。一般为多杀性巴氏杆菌感染，可成为兔群巴氏杆菌病的传染来源。多发生于青年兔及成年兔，仔兔少见。

单侧中耳炎，病兔将头颈倾向患侧，使患耳朝下，有时出现回转、滚转运动，故又称"斜颈病"。两侧中耳炎，病兔低头伸颈。化脓时，体温升高，精神不振，食欲不好。脓汁潴留时，听觉迟钝。鼓室内壁充血变红，积有奶油状的白色脓性渗出物，若鼓膜破裂，脓性渗出物可流出外耳道。感染可扩散到脑，引起化脓性脑膜炎。本病的病程多呈慢性经过，可长达 1 年以上。

防治：预防措施主要是及时治疗兔的外耳道炎症、流感、鼻炎、结膜炎等疾病，建立无多杀性巴氏杆菌病的兔群。对已患病兔，局部可用消毒剂洗涤，排液，用棉球吸干，滴入抗生素，全身应用抗生素。对重症顽固难治的病兔，应予淘汰，以减少巴氏杆菌的传播机会。

（七）外伤

各种外力作用导致家兔的外部伤害。笼舍的铁皮、铁钉、铁丝断头等锐利物的刺（划）、兔之间咬斗及其他动物的啃咬、剪毛时的误伤等各种外力均可造成外伤。

新鲜创伤，可见出血、疼痛和创口裂开；如伤及四肢可发生跛行；咬伤可造成遍体鳞伤；重创者，可出现不同程度的全身症状。久之可变成化脓性创伤，患部疼痛、肿胀，局部增温，创口流脓或形成脓痂；有时会出现体温升高，精神沉郁，食欲减退。化脓性炎症消退后，创内出现肉芽，变为肉芽创。良好肉芽为红色、平整、颗粒均匀、较坚实，表面附有少量黏稠的灰白色脓性分泌物。

防治：消除笼舍内的尖锐物、减少笼内密度、同性别成年兔分开饲养、防止猫狗等进入兔舍、小心剪毛等。治疗轻度伤时，局部剪毛涂擦碘酒即可痊愈。对新鲜创伤分3步进行治疗。

①止血：除用压迫、钳夹、结扎等方法外，可局部应用止血粉。必要时全身应用止血剂，如安络血、维生素 K_3、氯化钙等。

②清创：先用消毒纱布盖住伤口，剪除周围被毛，用生理盐水或0.1%新洁尔灭液洗净创围，3%碘酒消毒创围。除去纱布，仔细清除创内异物和脱落组织，反复用生理盐水洗涤创内，并用纱布吸干，撒布抗菌消炎药物。

③包扎或缝合：创缘整齐，创面清洁，外科处理较彻底时，可行密闭缝合；有感染危险时，先部分缝合。伤口小而深或污染严重时，及时注射破伤风抗毒素，并用抗生素进行全身治疗。对化脓创，清洁创围后，用0.1%高锰酸钾液、3%双氧水或0.1%新洁尔灭液等冲洗创面，除去深部异物和坏死组织，排出脓汁，创内涂抹魏氏流膏、松碘流膏等。对肉芽创，清理创围，用生理盐水轻轻清洗创面后，涂抹刺激性小，能促进肉芽及上皮生长的药物，如大黄软膏、3%龙胆紫等。肉芽赘生时，可切除或用硫酸铜腐蚀。

（八）脚垫及脚皮炎

指兔四肢脚垫或脚部皮肤发生炎症。后肢最为常见，前肢发生较少。主要由于脚部在笼底或粗糙坚硬地面上所承受的压力过大，引起脚部皮肤及脚垫的压迫性坏死。幼兔和体型小的品种较少发生。兔过于神经质或发情时，经常踏脚，易生本病。笼底潮湿，粪尿浸渍，易引起溃疡性脚垫、脚皮炎。

患部覆有干性痂皮，或有大小不等的溃疡区。有时痂皮下、溃疡上皮及周围发生脓肿。病兔常弓背，使其重心前移，以致前肢继发本病，走动时高抬脚。严重者不吃食，体重下降，甚至引起败血症而死亡。

防治：用竹板制作笼底，并做到笼底平整，经常保持清洁、干燥，是预防本病发生的有效措施。对发病兔，可放一块休息板，以防再度损伤，加速愈合。局部病变按一般外科处理，除去干燥的痂皮、坏死溃疡组织，用0.1%高锰酸钾溶液等消毒液冲洗，之后涂氧化锌软膏、碘软膏或其他消炎并能促进上皮生长的膏剂。有脓肿时，应切开排脓，同时配合使用抗生素治疗。

（九）中毒病

中毒病因其在肉兔病中所占比例不算太大而经常被忽视，但因其一般具有群发的特点而会给兔场造成重大损失。因此，重视中毒病的预防对养殖者尤其是规模化养殖场来说也十分重要。

1. 农药中毒

常用的农药主要是有机磷化合物（敌百虫、敌敌畏、乐果等），此类农药除被用于农作物防治虫害外，也常用于驱除畜禽体外寄生虫。家兔采食了刚喷洒过农药的植物、饲料（饲草）源被农药污染或治疗外寄生虫病时用药不当，均可引起中毒。为避免农药中毒，应注意：① 严把青饲料关，清楚青饲料来源，不购进和饲喂已知刚喷洒过农药的饲料作物或青草，自己种植的饲草料刚喷洒过农药时不得马上刈割饲喂；② 严把饲料原料关，严禁使用被农药污染的饲料原料；③ 用于治疗外寄生虫病时，既要严格按规则使用以免造成家兔直接中毒，又要妥善保存以免污染饲料源引起家兔中毒。

2. 有毒植物中毒

一些植物（如藜、曼陀罗、乌头、毒芹、野姜、高粱苗等）含有对动物机体有害的毒素，动物食用后便会中毒。防止有毒植物中毒的措施有：① 了解本地区的毒草种类；② 提高识别毒草的能力；③ 明知道有毒或不认识或怀疑有毒的植物，一律禁喂。

3. 药物中毒

指在兔病预防和治疗过程中药物使用不当引起的中毒，一般容易造成中毒的药物包括驱虫药、磺胺类药、呋喃类药以及抗生素类药，常见的药物中毒有马杜拉霉素、氯苯胍、盐霉素、土霉素、痢特灵、喹乙醇等中毒。为预防药物中毒应注意：① 尽量避免选择预防剂量与治疗剂量相差较小的药物；② 严格按药物说明上的剂量、方法使用，不得随意加大剂量或延长用药时间；③ 通过饲料投药时必须保证搅拌均匀；④ 不使用食品动物禁用的药物。

4. 饲料中毒

一些饲料原料本身就含有对动物机体有害的有毒元素（如棉籽饼粕、菜籽饼粕等），而一些饲料原料或饲料产品在存放过程中发生变化而产生对动物有害的有毒物质（如马铃薯出芽、原料或饲料霉变、菜叶腐烂等），家兔采食后会造成中毒，常见的饲料中毒有霉饲料中毒（霉菌中毒）、棉籽饼中毒、烂菜叶中毒、马铃薯中毒等。防止饲料中毒的措施包括：① 严把饲料原料关，严禁收购和使用霉变饲料原料；② 妥善保存，防止饲料及原料霉变；③ 严禁饲喂霉变饲料及腐烂的菜叶及出芽、变绿或腐烂的马铃薯等；④ 配制饲料时添加脱霉防霉剂；⑤ 严格控制未经脱毒的各种有毒饼粕类在饲料中的使用比例。

5. 灭鼠药中毒

灭鼠药毒性通常较大，家兔误食后可引起出血性胃肠炎或急性致死。为防止家兔灭鼠药中毒应注意：① 在兔舍放置毒饵时，不能让家兔触碰到而被误食；② 及时清除未被鼠类摄取的鼠药，以免污染了饲料和饮水等；③ 饲料间内严禁布放灭鼠毒饵，以防混入饲料。

（十）乳房炎

由多种原因导致的家兔乳腺组织的一种炎症性疾病。本病多发生于产后 5 ~ 20 天的哺乳母兔，是严重危害繁殖母兔的一种常见病。

主要有以下原因可引起乳房炎：① 母兔产前、产后饲喂精料和青饲料过多，使母兔乳汁过多、过稠，加上仔兔少或仔兔弱小不能吸吮完乳房中乳汁，或母兔拒绝给仔兔哺乳，均可使乳汁在乳房内长时间过量蓄积而引起乳房炎。② 乳头口或乳房受到多种机械性损伤（仔兔啃咬、抓伤；兔笼或产仔箱进出口锐物刺、刮伤等），伤口引起链球菌、葡萄球菌、大肠杆菌、铜绿假单胞菌等病原微生物的侵入感染；③ 兔舍、兔笼及环境卫生条件差容易诱发本病。

患兔乳腺肿胀，发热，敏感，继则患部皮肤发红，以至变成蓝紫色，故俗称"蓝乳房病"。病兔行走困难，拒绝哺乳。局部可化脓形成脓肿，或感染扩散引起败血症，体温可达40℃以上，精神不振，食欲减退等。

防治：保持清洁卫生；清除玻璃渣、木屑、铁丝挂刺等锐利物，尤其是笼箱出入口要平滑，以防乳房外伤；产前、产后适当调整精料和青饲料比例，防止乳汁过多或不足。发病后应立即隔离仔兔，仔兔由其他母兔代哺或人工喂养。对轻症乳房炎，可挤出乳汁，局部涂以消炎软膏，如10%鱼石脂软膏、10%樟脑软膏、氧化锌软膏或碘软膏等。局部封闭疗法，如用0.25%～1.0%盐酸普鲁卡因注射液5～10毫升，加入少量青霉素，与腹壁平行刺入针头，注射于乳房基部。发生脓肿时，应及早纵切开，排出脓汁，然后用3%双氧水等冲洗，按化脓创治疗。深部脓肿，可用注射器先抽出脓汁，向脓肿腔内注入青霉素。全身可应用青霉素、头孢类药物，以防发生败血症。愈后不宜再用作繁殖母兔。

参考文献

［1］段栋梁，尹子敬．图说家兔养殖新技术.北京：中国农业科学技术出版社，2012

［2］王彩先，张玉换．图说兔病防治新技术.北京：中国农业科学技术出版社，2012

［3］任克良．兔病诊断与治疗原色图谱.北京：金盾出版社，2012

［4］谷子林，任克良.中国家兔产业化.北京：金盾出版社，2010

［5］任克良，秦应和.轻轻松松学养兔.北京：中国农业出版社，2010

［6］马立新.十大热门工厂化养殖.北京：化学工业出版社，2005

［7］任克良.高效养兔关键技术.北京：金盾出版社，2008

［8］任克良.家兔配合饲料生产技术.北京：金盾出版社，2006

［9］任克良.无公害獭兔养殖.太原：山西科技出版社，2007

［10］王照福等.养兔和兔病防治.北京出版社，1993

［11］侯放凉.饲料添加剂应用大全.北京：中国农业出版社，2003